高等学校机电工程类系列教材

数控加工及 CAM 技术

主　编　吴　睿　周明举

副主编　冯　伟　周　玮　熊永吉　付　璇

参　编　李　嘉　马雁楠　黄瑞钒

西安电子科技大学出版社

内 容 简 介

本书主要介绍数控加工及 CAM 技术，全书分为 5 个模块，各模块环环相扣。模块 1 和模块 2 介绍了数字控制技术及其与数控加工技术的内在逻辑关联，讲解了数控编程基础，是后面部分学习的铺垫；模块 3 通过对手工编程技术的讲解，可使读者具备数控加工技术的应用基础；模块 4 重点讲解自动编程技术及其应用，使读者掌握数控加工技术应用于实际加工过程的路径；模块 5 立足于应用面广的流行软件平台，结合车、铣操作具体案例，详细讲解了 CAM 技术及其应用。

本书内容紧凑，偏重实操能力培养，适合机械设计制造及其自动化、智能制造等专业本科生学习使用，对于自学数控加工与 CAM 技术的读者，也具有很好的借鉴意义。

图书在版编目(CIP)数据

数控加工及 CAM 技术 / 吴睿，周明举主编. --西安：西安电子科技大学出版社，2024.7
ISBN 978-7-5606-7157-4

Ⅰ. ①数…　Ⅱ. ①吴…　②周…　Ⅲ. ①数控机床—加工②数控机床—计算机辅助制造
Ⅳ. ①TG659

中国国家版本馆 CIP 数据核字(2023)第 254196 号

策　　划　周　立
责任编辑　周　立
出版发行　西安电子科技大学出版社(西安市太白南路 2 号)
电　　话　(029)88242885　88201467　　　　邮　　编　710071
网　　址　www.xduph.com　　　　　　　电子邮箱　xdupfxb001@163.com
经　　销　新华书店
印刷单位　陕西天意印务有限责任公司
版　　次　2024 年 7 月第 1 版　　2024 年 7 月第 1 次印刷
开　　本　787 毫米×1092 毫米　1/16　　印张　10
字　　数　231 千字
定　　价　31.00 元
ISBN 978-7-5606-7157-4 / TG
XDUP 7459001-1
如有印装问题可调换

前　言

　　数控加工与 CAM 技术作为目前工业生产的一种重要手段，已成为衡量一个国家制造业水平的重要标志，同时数控加工技术也是高等工科院校机械设计制造及自动化专业方向的主要专业选修课程。课程内容既包含工艺、机床、刀夹具等前期专业基础课程的知识升华及应用拓展，又有着自身的独特知识体系，理论性和实践性都较强。

　　为了更好地贯彻落实高等学校本科教学质量与教学改革工程的意见，适应我国高等教育发展及应用型人才培养的需要，推进高校相关专业的综合改革，促进产学合作育人，在西门子工业软件(上海)有限公司的技术支持下，重庆科技大学教学一线的老师们编写了本书。

　　本书以立德树人为引领、以学生为中心，突出素质和价值观培养，以知识获取及能力应用为重点，以大工程观视角培养学生的科学探索精神、精益求精精神等优秀民族文化品质以及社会责任感与爱国情怀。本书在内容编排上力求化繁为简，突出重点。全书共分 5 大模块，第 1～3 模块由吴睿编写；第 4 模块由周明举编写；第 5 模块由周玮、熊永吉、冯伟、李嘉和付璇等编写；马雁楠、黄瑞钒参与了排版与图表绘制等工作。

　　本书按照 64 学时进行内容编排，反映了数控加工技术的基本原理、基本设备、工艺规律及主要特点，在体现与前期工艺等知识对接的基础上，突出本课程知识体系特色，并强调知识的应用。本书以手工编程强化基本加工知识技能培养，以自动编程体现工程实践能力培养。根据学习特点和规律，本书内容安排由浅入深，逐步展开，注重先进性、实用性和科学性。根据应用型知识传授特点，教学安排上建议 4 节连排，结业考核建议以实际制作取代传统理论考试方式，以学生最终上交所加工零件为考评依据，结合平时现场训练成绩，理论部分占总成绩比例建议不超过 30%。

衷心感谢重庆科技大学对本书出版给予的大力支持，感谢编辑们的辛苦付出，以及所有为本书的出版给予关心和提供帮助的人们。

由于编者水平有限，书中难免有不足之处，恳请各位读者、专家批评指正。

编　者

2023 年 10 月

目　录

模块 1　数控加工技术

本模块主要介绍数控加工的基础知识，内容包括数控编程、数控机床简述、数控加工工艺基础、数控加工技术，以及数控技术的应用与发展趋势等。

1.1　数字控制技术

数字控制技术简称数控技术，是用数字信息对机械运动和工作过程进行控制的技术，它集传统的机械制造技术、计算机技术、现代控制技术、传感检测技术、网络通信技术和光机电技术等于一体，是现代制造业的基础技术。数控技术具有高精度、高效率、柔性等特点，对制造业实现柔性自动化、集成化和智能化起着举足轻重的作用。同时它是制造自动化的基础，是现代制造装备的灵魂核心，更是国家工业和国防工业现代化的重要手段，关系到国家战略地位，体现国家综合国力，其水平的高低和数控装备拥有量的多少是衡量一个国家工业现代化的重要标志。

1.1.1　数字与控制

数字是一种用来表示数的文字或书写符号，比如大小写汉字数字、罗马数字、阿拉伯数字等。

在使用数字的过程中，人们创造了不同基底的进制记数系统，如十进制、八进制等。在不同的记数系统(如十进制、二进制等)中，同一数字代表的含义不同，比如，十进制数 37 中的数字 3 代表 $3 \times 10 = 30$，而在八进制中则代表 $3 \times 8 = 24$，如果改为二进制计数系统，十进制数 37 则要写作 100101。

世界上第一个提出二进制记数法的人是 17 世纪至 18 世纪的德国数学家莱布尼茨。二进制记数只用 0 和 1 两个符号，可方便地表达元器件所具有的两种不同的稳定状态。在实际中具有两种明显稳定状态的元器件非常多，例如，氖灯的"亮"和"熄"；开关的"开"和"关"；电压的"高"和"低"、"正"和"负"；纸带上的"有孔"和"无孔"；电路中的"有信号"和"无信号"；磁性材料的"南极"和"北极"等，不胜枚举。更重要的是，两种截然不同的状态不但有量上的差别，而且有质上的不同，这样就能大大提高机器的抗干扰能力以及可靠性。另外，二进制的符号"1"和"0"也可以与逻辑运算中的"对"(true)与"错"(false)对应，便于计算机进行逻辑运算。

控制可以认为是使被控对象不任意活动或超出规定范围活动，使其按控制者的意愿活动。对一台设备或机器来说，如何用数字信息控制其运动和工作过程，使其动作或运动能够按人们的意愿执行呢？

1.1.2　基于电机的数字控制

我们可以以步进电机的工作原理来理解数字控制。

图 1.1(a)所示为步进电机，其定子接 A、B、C 三相电，转子为锯齿形。图 1.1(b)中，A 相通电，B 相、C 相不通电，此状态下，定子 A 相激励产生的磁场对离其较近的转子 1、3 齿产生磁吸力，使得 1、3 齿与 A 相对齐。图 1.1(c)中，B 相通电，A 相、C 相不通电，此时 B 相中产生的磁场吸引离其较近的 2、4 齿，使之与 B 相对齐而发生角位移。图 1.1(d) 为 C 相通电的情况。如此类推，电机转子在数字脉冲交替控制而产生的旋转磁场的作用下连续旋转起来。每产生一个数字脉冲，电机便产生一个角位移。脉冲数越多，角位移越大；脉冲频率越大，角速度越大。

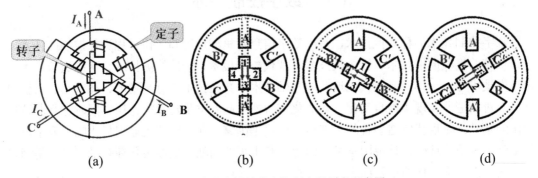

| (a) | (b) | (c) | (d) |

图 1.1　步进电机的数字控制实现原理示意图

上述步进电机的工作过程体现了典型的数字控制原理，实现了其所拖动的机械部分的数字控制功能。步进电机的分辨率为其在一个数字脉冲作用下产生的角位移大小。为了增加运动的控制精度，通常通过改变脉冲分配方式及增加转子齿数来实现。实际的步进电机转子多采用 40 齿，即便如此，仍然不能满足高精度运动控制的需求。在实际使用中，人们通过使用直流或交流伺服电机实现高精度运动控制的需要。

直流电机数字控制原理如图 1.2 所示。图 1.2(a)为直流电机工作原理图。直流电机在工作时，定子产生磁场，转子线圈在磁场中旋转，切割磁力线产生电磁力，从而驱动电机进行旋转。转子线圈中流过的电流越大，产生的电磁力越大，电机旋转速度也就越高。电流的大小可以通过电压的大小进行调节。图 1.2(b)中，左侧电路中总电压为 U_S，三极管 VT 为开关，控制总电压 U_S 的通断，从而能够对施加在电机两端的电压 U_d 的大小进行调节。

从图 1.2(b)中右侧电压时间曲线可以看到，电压 U_d 是一个周期 T 内的平均电压，t_{on} 为一个周期内的电路接通时间，其长短决定着平均电压 U_d 的大小。据此可知，直流电机转速的数字控制过程是通过电路的通断这一数字脉冲形式完成的。

交流电机转速的数字控制是通过变频器实现的，变频器改变电路脉冲频率，进而实现电机的转速控制。具体过程本书不再赘述，感兴趣的读者可以自行查阅相关资料进行学习。

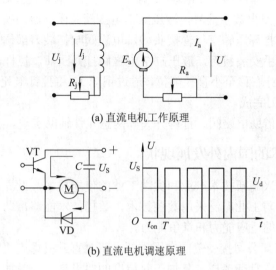

(a) 直流电机工作原理

(b) 直流电机调速原理

图 1.2 直流电机工作及调速原理示意图

1.1.3 基于电磁阀与行程开关等两态元件的数字控制

图 1.3 所示的是一种具备自动换刀功能的典型主轴部件, 其硬件构成包括液压缸活塞驱动部件、碟形弹簧、拉杆、电磁阀、行程开关及刀具松紧机构等。其中, 电磁阀与行程开关为具备脉冲控制属性的两态元件。

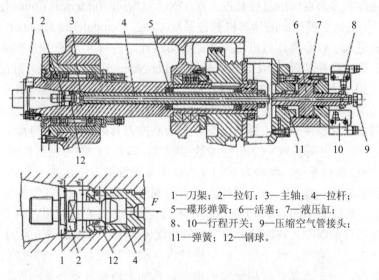

1—刀架; 2—拉钉; 3—主轴; 4—拉杆;
5—碟形弹簧; 6—活塞; 7—液压缸;
8、10—行程开关; 9—压缩空气管接头;
11—弹簧; 12—钢球。

图 1.3 具备自动换刀功能的典型主轴部件

图 1.3 所示的典型主轴部件不但需要具备完成自动取刀和装刀动作的能力, 还需要能够自动清理刀具安装部位的切屑等杂质, 以避免对刀具装夹的可靠性产生影响。下面对该典型主轴部件在数字脉冲控制下实现相应动作与运动的过程加以详细描述。

当数控装置发出换刀指令时, 数字脉冲控制液压缸 7 电磁阀开启进油, 活塞 6 移动,拉杆 4 克服碟形弹簧 5 的作用移动，钢球 12 移至大空间，钢球失去对拉钉 2 的作用，此时拉杆触发行程开关 10，发出数字信号，液压缸 7 电磁阀关闭，启动换刀机械手进行刀具更换，同时启动空压机，打开压缩空气管接头 9，电磁阀吹扫装刀部位。当计时器发出吹扫完成信号后，换刀机械手安装新刀，液压缸 7 电磁阀打开回油，拉杆 4 在碟形弹簧 5 的作用下复位，拉杆带动拉钉右移至小直径部位，通过钢球 12 将拉钉卡死，直至拉杆触发行程开关 8，发出信号，换刀完成。

上述数字控制主要借助电磁阀、行程开关等两态元件辅助实现。

1.1.4   数字控制技术的国内外发展现状

数控技术是发展新兴高新技术产业和尖端工业的使能技术，世界各国的信息产业、生物产业和航空航天等国防工业广泛采用数控技术，数控技术能够帮助各产业提高制造的能力和水平，提高对市场的适应能力和竞争能力。

1948 年，美国帕森斯公司接受美国空军委托，研制直升机螺旋桨叶片轮廓检验用样板的加工设备。样板的形状复杂多样，其加工对精度的要求高，一般加工设备难以适应。于是美国帕森斯公司提出采用数字脉冲控制机床的设想。1949 年，该公司与美国麻省理工学院开始共同研究，并于 1952 年试制成功第一台三坐标数控铣床，当时的数控装置采用电子管元件。1959 年，数控装置采用了晶体管元件和印刷电路板。同年，带自动换刀装置的数控机床出现，称为加工中心(MC, Machining Center)，这标志着数控装置进入了第二代。1965 年，第三代集成电路数控装置出现，这种数控装置不仅体积小，功率消耗少，且可靠性提高，价格也进一步下降，促进了数控机床品种和产量的发展。1970 年之前，先后出现了由一台计算机直接控制多台机床的直接数控系统(DNC，Direct Numerical Control)，又称群控系统，以及采用小型计算机控制的计算机数控系统(CNC，Computerized Numerical Control)，这标志数控装置进入了以小型计算机化为特征的第四代。1974 年，使用微处理器和半导体存储器的微型计算机数控装置(MNC，Micro-computer Numerical Control)研制成功，这是第五代数控系统。20 世纪 80 年代初，随着计算机软件与硬件技术的发展，出现了能进行人机对话且能自动编制程序的数控装置，而且数控装置愈趋小型化，可以直接安装在机床上，并且数控机床的自动化程度进一步提高，具有自动监控刀具破损和自动检测工件等功能。20 世纪 90 年代后期，出现了 PC+CNC 智能数控系统，即将 PC 作为控制系统的硬件部分，并在 PC 上安装 NC 软件系统，此种方式的优点在于系统维护方便，易于实现网络化制造。

我国数控技术起步较晚，相对于国外的技术研究而言较为落后，其发展历程大致可分为三个阶段。第一阶段为 1958—1979 年，即封闭式发展阶段。在此阶段，由于国外的技术封锁和我国基础条件的限制，数控技术的发展较为缓慢。第二阶段是在国家的"六五""七五"期间以及"八五"前期，这个阶段以引进技术、消化吸收为主，初步建立起国产化体系阶段。在此阶段，由于改革开放和国家的重视，再加上研究开发环境和国际环境改善，我国数控技术在研究、开发和产品的国产化方面都取得了长足的进步。第三阶段是在国家"八五"后期和"九五"期间，即实施产业化研究，进入市场竞争阶段。在此阶段，我国国产数控装备的产业化取得了实质性进步。在"九五"末期，国产数控机床的国内市场占有率达 50%，配国产数控系统(普及型)的机床数量也达到了 10%。

目前，我国一部分普及型数控机床的生产已经形成一定规模，产品技术性能指标也较为成熟，价格合理，在国际市场上具有一定的竞争力。我国数控机床行业所掌握的五轴联动数控技术较成熟，并已有成熟的产品走向市场。但目前，我国占据市场的产品主要为经济型产品，中档、高档产品的市场占比仍然很小，与国外一些先进产品相比，在可靠性、稳定性、速度和精度等方面均存在较大差距。

1.1.5　数控技术的发展趋势

数控技术给传统制造业带来了革命性的变化，使制造业成为工业化的象征。随着数控技术的不断发展和应用领域的扩大，数控技术对与国计民生相关的一些重要行业的发展起着愈发重要的作用。数控技术的发展主要呈现出如下几个方面的趋势：

(1) **机床的高速化、精密化、智能化、微型化发展。** 随着汽车、航空航天等工业轻合金材料的广泛应用，高速加工已成为制造技术的重要发展趋势。高速加工具有缩短加工时间、提高加工精度和表面质量等优点，在模具制造等领域的应用也日益广泛。机床的高速化不仅需要新的数控系统、高速电主轴和高速伺服进给驱动，而且还要求机床结构的优化和轻量化。高速加工不仅是设备本身，而且是机床、刀具、刀柄、夹具、数控编程技术，以及人员素质的集成。按照加工精度，机床可分为普通机床、精密机床和超精机床，加工精度大约每 8 年提高一倍。数控机床的定位精度即将告别微米时代进入亚微米时代，超精密数控机床正在向纳米级精度进军。未来 10 年，精密化与高速化、智能化和微型化将是新一代机床的特征。机床的精密化不仅是汽车、电子、医疗器械等工业的迫切需求，而且直接关系到航空航天、导弹卫星和新型武器等国防工业的现代化。机床智能化包括在线测量、监控和补偿。数控机床的位置检测及其闭环控制就是简单的应用案例。为了进一步提高加工精度，机床的圆周运动精度和刀头点的空间位置，可以通过球杆仪和激光测量后，输入数控系统加以补偿。未来，数控机床将会配备各种微型传感器，以监控切削力、振动和热变形等所产生的误差，并自动补偿或调整机床的工作状态，提高机床的工作精度和稳定性。随着纳米技术和微机电系统的迅速进展，开发加工微型零件的机床已经被提上日程。微型机床同时具有高速和精密的特点，最小的微型机床可以放在掌心之中，这意味着一个微型工厂可以放在手提箱内，操作者通过手柄和监视屏幕便可控制整个工厂的运作。

(2) **新结构、新材料以及新设计方法的发展。** 机床的高速化和精密化要求机床的结构要做到简化和轻量化，这一要求能减少机床部件运动惯量对加工精度的负面影响，从而使得机床的动态性能大幅度提高。例如，借助有限元分析对机床构件进行拓扑优化、设计箱中箱结构、采用空心焊接结构或铅合金材料等方法已经开始从实验室走向实用。

(3) **开放式数控系统的发展。** 目前，许多国家对开放式数控系统进行研究，数控系统开放化已经成为数控系统的未来之路。所谓开放式数控系统，是指数控系统的开发可以在统一的运行平台上，面向机床厂家和最终用户，通过改变、增加或剪裁结构对象(数控功能)，形成系列化。这样一来，便可方便地将用户的特殊应用和技术诀窍集成到控制系统中，快速实现不同品种、不同档次的开放式数控系统，形成具有鲜明个性的名牌产品。

(4) **可重组制造系统的发展。** 随着产品更新换代速度的加快，专用机床的可重构性和制造系统的可重组性变得日益重要。数控加工单元和功能部件的模块化，可以对制造系统进行快速重组和配置，以适应变型产品的生产需要。机械、电气和电子、液和气，以及控制软件接口的规范化和标准化，是实现可重组性的关键。

(5) **虚拟机床和虚拟制造的发展。**为了加快新机床的开发速度，提升新机床的质量，在机床尚未制造出来之前，便可在设计阶段借助虚拟现实技术对机床设计的正确性和使用性能进行评价，实现在早期阶段及时发现设计过程的各种失误，减少损失，提高新机床开发的质量。

1.1.6 数控技术的应用

(1) **机械制造行业。**机械制造行业是最早应用数控技术的行业，它担负着为国民经济各行业提供先进装备的重任。目前，数控技术主要应用于制造行业的以下领域：研制开发与生产现代化军事装备使用的高性能五轴高速立式加工中心、五坐标加工中心、大型五坐标龙门铣等；汽车行业发动机、变速箱、曲轴柔性加工生产线上使用的数控机床和高速加工中心，以及焊接、装配、喷漆机器人、板件激光焊接机和激光切割机等；航空、船舶、发电行业在加工螺旋桨、发动机、发电机和水轮机叶片零件时使用的高速五坐标加工中心和重型车铣复合加工中心等。

(2) **信息行业。**在信息行业中，从计算机到网络、移动通信、遥测和遥控等设备，都需要采用基于超精技术和纳米技术的制造装备，如芯片制造的引线键合机和晶片光刻机等，这些装备的控制都需要采用数控技术。

(3) **医疗设备行业。**在医疗设备行业中，许多现代化的医疗诊断和治疗设备都采用了数控技术，如 CT 诊断仪、全身治疗机以及基于视觉引导的微创手术机器人，口腔医学中的正畸及牙齿修复等方面都需要采用高精度数控机床。

(4) **军事装备行业。**现代的许多军事装备，都大量采用了伺服运动控制技术，如火炮的自动瞄准控制、雷达的跟踪控制和导弹的自动跟踪控制等。

(5) **其他行业。**在轻工行业，有采用多轴伺服控制的印刷机械、纺织机械、包装机械以及木工机械等；在建材行业，有用于石材加工的数控水刀切割机，用于玻璃加工的数控玻璃雕花机，用于席梦思加工的数控行缝机和用于服装加工的数控绣花机；在艺术品行业，目前，越来越多的工艺品、艺术品都会采用高性能的五轴加工中心进行生产。

1.2 数 控 系 统

数控系统是数字控制系统(NCS，Numerical Control System)的简称，它是根据计算机存储器中存储的控制程序，执行数字控制的功能，并配有接口电路和伺服驱动装置的专用计算机系统。数控系统通过利用数字、文字和符号组成的指令来实现一台或多台机械设备动作控制，控制的通常是位置、角度、速度等机械量和开关量。

数控系统是数控技术应用的承载和实现基础。

1.2.1 数控系统的构成

数控系统的逻辑构成如图 1.4 所示。

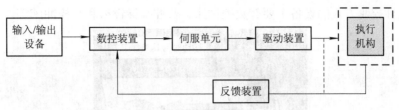

图 1.4 数控系统的逻辑构成

1．输入/输出设备

输入/输出设备是操作人员与机床数控系统进行交互的通道。操作人员通过输入/输出设备载入加工程序，实现对程序的编辑、修改和调试。数控装置产生的坐标和报警信号等信息通过该通道输出显示，以供操作人员参考。

输入/输出设备有键盘、显示器、穿孔带、穿孔卡、磁盘和光盘等。其中穿孔带、穿孔卡、磁盘和光盘等是记录程序的媒体。早期的数控系统常用标准穿孔纸带记录程序，目前数控系统主要采用串行通信方式直接输入程序。

2．数控装置

数控装置是数控设备的核心，有三个基本功能：输入、轨迹插补和位置控制。其作用是根据输入数据，插补计算出运动轨迹并输出到伺服单元和驱动装置。

3．伺服单元

伺服单元负责接收来自数控装置的输出信号，并将其进行变换和放大，之后通过驱动装置控制机床本体的运动。伺服单元是数控系统与机床本体的联系环节，能够将数控装置输出的弱电指令信号转换为控制驱动装置的大功率信号。

4．驱动装置

驱动装置接收来自伺服单元的信号，并将其转换为机械运动，驱动工作台等执行机构按照规定轨迹运动，以加工出要求的零件轮廓。

5．反馈装置

反馈装置可以将运动部件的实际位移、速度及影响当前环境参数(温度、振动、切削力等)变化的因素加以检测并反馈给数控装置，数控装置再通过比较，得到实际运动与指令运动的误差，之后发出指令纠正所产生的误差。

测量反馈装置的引入，有效地改善了系统的动态特性，大大提高了零件的加工精度。

1.2.2 数控系统的分类

数控系统的分类方法很多，根据数控系统的运动形式与功能，可大致从运动轨迹、伺服系统等方面进行分类。

1．按运动轨迹分类

按照运动轨迹特点，数控系统划分为点位控制系统、直线控制系统与轮廓控制系统。

1) 点位控制系统

点位控制系统如图 1.5 所示，其控制工具或工件从某一加工点移到另一个加工点的精确坐标位置，而对于点与点之间移动的轨迹不进行控制，且在点移动的过程中不做任何加工。采用这种控制方式的设备主要有数控钻床、数控坐标镗床和数控冲床等。

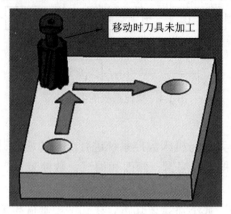

图 1.5   点位控制系统

2) 直线控制系统

直线控制系统如图 1.6 所示，其对于工件的移动不仅要控制点与点的精确位置，还要保证两点之间的移动轨迹是一条直线，且在移动中工具能以给定的进给速度对工件进行加工。相对于点位控制系统，直线控制系统辅助功能要求较多，例如，它可能被要求具有主轴转数控制、进给速度控制和刀具自动交换等功能。采用这种控制方式的设备主要有简易数控车床和数控镗铣床等。

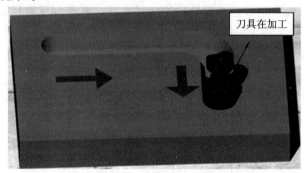

图 1.6   直线控制系统

3) 轮廓控制系统

如图 1.7 所示，轮廓控制系统能够对两个或两个以上的坐标方向进行严格控制，即不仅控制每个坐标的行程位置，而且还需同时控制每个坐标的运动速度。各坐标的运动按规定的比例关系相互配合，可以精确地控制工具进行连续加工，以形成所需要的直线、斜线、曲线或曲面。

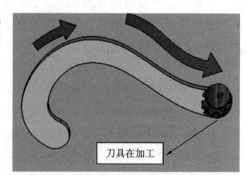

图 1.7   轮廓控制系统

2. 按伺服系统分类

按照伺服系统是否存在反馈装置，数控系统又可以分为开环控制系统、半闭环控制系统及闭环控制系统。

1) 开环控制系统

开环控制系统以步进电动机为驱动元件，没有反馈装置，逻辑上不构成封闭环路，故由此得名，如图 1.8 所示。

图 1.8　开环控制数控系统

数控装置输出的进给指令经驱动电路进行功率放大后转换为控制步进电动机各定子绕组通断电的电流脉冲信号，驱动步进电动机转动。这种方式控制简单，价格比较低廉。

2) 半闭环控制数控系统

这类数控系统的位置检测元件通常安装在电动机轴端或丝杠轴端，通过角位移的测量，间接计算出机床工作台的实际运行位置(直线位移)，如图 1.9 所示。

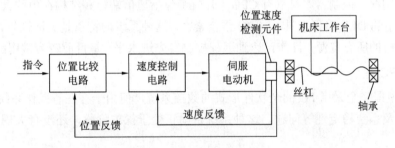

图 1.9　半闭环控制数控系统

闭环的环路内不包括丝杠螺母副及机床工作台这些大惯性环节，由这些环节造成的误差不能被环路矫正。因此，半闭环控制数控系统控制精度不如全闭环系统，但其调试方便，成本适中，可以获得比较稳定的控制特性。在实际应用中这种方式被广泛采用。

3) 闭环控制数控系统

闭环控制数控系统的位置检测装置安装在机床工作台上，用以检测机床工作台的实际运行位置(直线位移)，并将其与 CNC 装置计算出的指令位置(或位移)相比较，用差值进行调节控制，如图 1.10 所示。

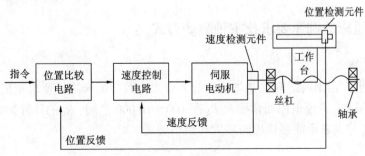

图 1.10　闭环控制数控系统

这类控制方式的位置控制精度很高，但由于它将丝杠螺母副及机床工作台这些连接环节放在闭环内，因此整个系统连接刚度变差，容易产生振荡，系统调试较困难。

1.2.3   数控系统的搭建

数控系统搭建是应用数字控制技术的基础，在实际使用中，有以下三种搭建方式。

1．专用 NC＋PC 型

专用 NC＋PC 型即在传统的专业数控部分简单地嵌入 PC 技术，使得整个系统可以共享一些计算机的软、硬件资源，计算机主要起到辅助编程、分析、监控、指挥生产、编排工艺等工作。

这种搭建方式为数控技术发展早期使用的传统方式，随着技术的进步与发展，已基本被淘汰。

2．运动控制器＋PC 型

运动控制器＋PC 型即完全采用以 PC 为硬件平台的数控系统，其最主要的部件是计算机和运动控制器。控制器本身具有 CPU，开放了包括通信端口和结构在内的大部分地址空间，辅以通用的 DLL 编程工具，同 PC 结合紧密。这种系统的特点是灵活性好，功能稳定，可共享计算机的所有资源，目前已达到远程控制等先进水平，是目前较为常用的搭建方式。

3．纯 PC 型

纯 PC 型即完全采用 PC 的全软件形式的数控系统，但由于存在着操作系统的实时性、标准统一性及系统稳定性等问题，这种系统目前正处于探求阶段，还没有大规模投入实际的应用中。

1.3   数控加工技术

传统的机械加工都是用手工操作普通机床作业，加工时，用手摇动机械刀具切削金属，获得需要的零件轮廓。现代工业早已使用电脑数字化控制的机床进行作业，数字信息控制零件和刀具位移，计算机控制机床执行和完成加工程序，得到所要的零件形状。其所使用的机床叫作数控机床或工业母机，所包含的技术称为数控加工技术。

数控加工广泛应用在所有机械加工的领域，数控机床是承载数控加工技术的基础与关键核心。

1.3.1   数控机床的调速要求及主轴驱动方式

1．调速要求

为了保证更大范围内适应工艺与精度等的要求，数控机床除了要求无极调速外，还要求调速范围足够宽。调速范围通常要求 R_n 在 $100\sim10\,000$ 之间，R_n 的计算如式（1-1）所示，其中 $n_{\max}$、$n_{\min}$ 分别表示能够输出的最大和最小转速。

$$R_n = \frac{n_{\max}}{n_{\min}} \tag{1-1}$$

2. 主轴驱动方式

根据电机拖动方式的不同，数控机床的主轴驱动方式有三种：齿轮驱动方式、同步齿形带驱动方式和直接驱动方式。

1) 齿轮驱动方式

齿轮驱动方式如图 1.11 所示，是传统普通机床常用的方式。电机经齿轮变速驱动主轴，属有级变速，变速范围小，切削速度的选择受到限制，结构较复杂，目前在数控机床上已经被淘汰。

图 1.11　机床主轴齿轮驱动方式示意图

2) 同步齿形带驱动方式

在同步齿形带驱动方式下，电机经齿形带驱动主轴，如图 1.12 所示，属于带轮驱动的一种。采用带齿的皮带可以更好地保持传动比，满足数控机床高传动精度的需要。同步齿形带驱动方式属于无级变速，结构简单，安装调试方便，最高转速可达 8000 r/min，且控制功能丰富，可满足中高档数控机床的控制要求。

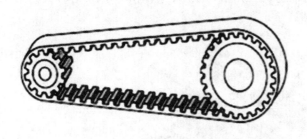

图 1.12　主轴同步齿形带驱动方式示意图

3) 直接驱动方式

直接驱动方式取消了电机与主轴之间的传动装置，将主轴与电机转子合为一体，如图 1.13 所示，属于主轴驱动新技术。该方式的优点是主轴部件结构紧凑、重量轻、惯量小，可提高启、停响应特性，利于控制振动和噪声，转速高，可达 200 000 r/min；缺点是电机运转产生的振动和热量将直接影响到主轴，因此，主轴组件的整机平衡、温度控制和冷却是该技术能否满足要求的关键问题。

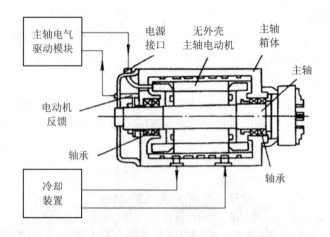

图 1.13   主轴直接驱动方式示意图

1.3.2   进给运动系统及其典型零部件

1. 导轨

导轨在数控机床上起支撑和导向作用。为保证工件的加工质量，导轨要具有足够的刚度和强度，导向的精度和灵敏度要高，低速平稳性要好，高速时不振动，且具有良好的精度保持性。

导轨分为滑动导轨、滚动导轨和静压导轨等种类，各种导轨都有其特点和优劣，应根据不同使用要求选择应用。

1) 滑动导轨

滑动导轨具有结构简单、制造方便、刚度好和抗震性高等优点，在实际中应用比较广泛。根据其截面形状的不同，滑动导轨分为三角形、矩形、燕尾形和圆形等种类。图 1.14 为一种圆形截面滑动导轨结构示意图。

图 1.14   圆形截面滑动导轨结构示意图

滑动导轨为面接触滑动摩擦形式，容易磨损，为此，人们研制了塑料滑动导轨，利用塑料的良好摩擦特性、耐磨性及吸震性等特点，提高导轨运动性能，减少磨损。

根据塑料滑动导轨使用方式的不同，通常分为贴塑导轨和注塑导轨两种。贴塑导轨所用塑料以聚四氟乙烯为基体，再加入青铜粉、二硫化钼、石墨及铅粉等混合而成。其外形为塑料软带，使用时，通过胶合剂将其粘接在与床身导轨相配的滑动导轨上。注塑导轨所用塑料以环氧树脂为基体，加入二硫化钼和胶体石墨及铅粉等混合而成，使用时，将其注入在定、动导轨之间。

2) 滚动导轨

为提高导轨运动性能及耐磨性，可在导轨工作面之间放置滚珠、滚柱或滚针等滚动体，形成滚动导轨。滚动导轨的优点是摩擦系数小、运动轻便、位移精度和定位精度高、耐磨性好；缺点是抗震性较差、结构复杂及防护要求较高。

滚珠导轨易制造、成本低，但由于点接触导致其刚度低、承载能力小，适合小载荷机床。滚柱导轨承载能力大于滚珠导轨，但其对导轨面平行度要求高，滚柱易侧滑和偏移，加剧磨损，降低精度。滚针导轨承载能力更大，但摩擦系数也大，适合尺寸受限场合。图1.15 为滚柱型滚动导轨结构示意图。

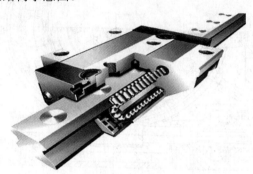

图 1.15　滚柱型滚动导轨结构示意图

3) 静压导轨

静压导轨是通过在导轨工作面间通入一定压强的润滑油，形成油膜液体摩擦而进行工作的。由于是纯液体摩擦，静压导轨工作时的摩擦系数极低($f = 0.0005$)，具有导轨运动时不受负载和速度的限制，低速时移动均匀，无爬行现象，刚度和抗振性好，承载能力强，发热小，导轨温升小等优点；缺点是静压导轨多了一套液压系统，油膜厚度难以保持恒定不变。图 1.16 为两种不同部件的静压导轨的工作原理示意图。

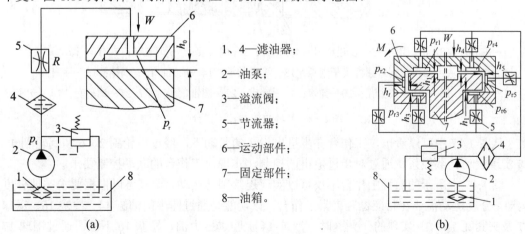

1、4—滤油器；

2—油泵；

3—溢流阀；

5—节流器；

6—运动部件；

7—固定部件；

8—油箱。

(a)　　　　　　　(b)

图 1.16　静压导轨工作原理示意图

由于结构复杂，成本高，静压导轨多用于大型、重型数控机床上。

2. 数控回转工作台

根据数控机床联动坐标轴数目的不同，人们常常将数控机床分为 2 轴、3 轴、4 轴和 5 轴机床等种类。4 轴以上的数控机床必须包含旋转轴，而旋转轴的连续回转运动正是通过数控回转工作台实现的。

1) 工作原理

作为数控机床联动坐标轴之一，数控回转工作台必须在指令控制下实现连续回转功能。为说明其工作原理，以图 1.17 所示的开环数控工作台为例，其他类型工作台的工作原理与其类似。

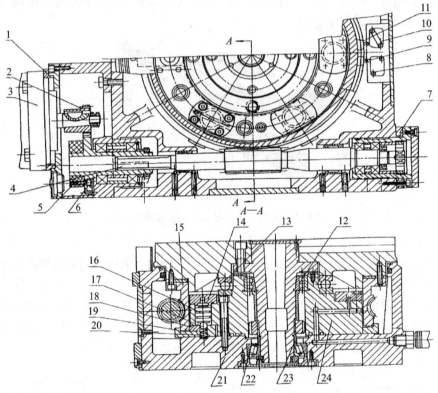

1—偏心环；2、6—齿轮；3—步进电机；4—蜗杆；5—橡胶套；7—调整环；8、10—微动开头；
9、11—挡块；12—双列短圆柱滚子轴承；13—滚珠轴承；14—油缸；15—蜗轮；16—柱塞；
17—钢球；18、19—夹紧瓦；20—弹簧；21—底座；22—圆锥滚子轴承；23—调整套；24—支座。

图 1.17   开环数控回转工作台

从图 1.17 中可以看出，工作台在步进电机 3 的带动下，经过齿轮副 2、6 和蜗轮副 4、15 实现运动。数控系统通过对步进电机的控制，实现对工作台的联动控制要求。

图 1.17 中所示的数控工作台不仅可以实现连续回转运动，而且可以根据要求实现分度运动。分度运动需要在相应位置夹紧工作台，该功能是通过图中的油缸 14、柱塞 16、钢球 17 及夹紧瓦 18、19 实现的。夹紧时，油缸 14 上腔进压力油，柱塞 16 下移，通过钢球 17 推动夹紧瓦 18 和夹紧瓦 19 配合将蜗轮夹紧，从而将工作台夹紧。

2) 精度处理

为保证数控回转工作台的运动精度，图 1.17 中采用了消除间隙装置和调"0"装置。

消除间隙通过偏心环 1 和调整环 7 实现。偏心环 1 用来消除齿轮 2 和齿轮 6 的啮合间隙，调整环 7 则用以消除蜗杆 4 和蜗轮 15 之间的啮合间隙。

调"0"装置是为了消除累积误差而设置的工作台位置零点。当需要工作台再次回到零点位置时，通过调"0"控制，先由挡块 11 压合微动开关 10，发出从快速回转变为慢速回转信号，工作台慢速回转，再由挡块 9 压合微动开关 8 进行第二次减速，然后由无触点行程开关发出从慢速回转变为点动步进信号，最后由步进电机停在某一固定通电相位上，使工作台准确地停在零点位置上。

3. 滚珠丝杠螺母副

滚珠丝杠螺母副的作用是将电机的回转运动转换为工作台的直线运动。通过在丝杠和螺母之间放入滚珠，形成滚动摩擦，起到减小摩擦阻力，提高传动效率的作用。

滚珠丝杠螺母副的优点是传动效率高，摩擦阻力小，运动平稳无爬行，传动精度高，精度保持性好，使用寿命长，具有运动可逆性；缺点是结构复杂，制造成本高，不能实现自锁。

1) 循环方式

根据滚珠与丝杠在相互运动过程中的位置情况，通常将滚珠在丝杠螺母副中的运动分为外循环方式和内循环方式。

外循环方式指滚珠在运动过程中有时与丝杠脱离接触的方式，如图 1.18 所示。

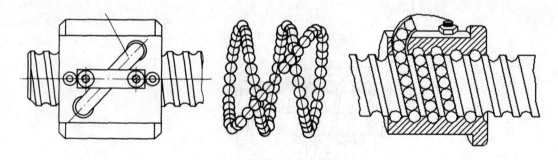

图 1.18　滚珠丝杠螺母副的外循环方式

由图 1.18 可见，外循环方式的滚珠丝杠螺母副设计有外圆螺旋形插管，引导滚珠形成循环，滚珠在循环过程中形成封闭单链条。这种循环方式的优点是设计简单，工艺性好，承载能力较高，适合重载传动系统，应用广泛；缺点是径向尺寸大，占用较大空间。

内循环方式是指滚珠在运动过程中始终与丝杠保持接触的方式。为了让滚珠构成封闭循环链条，在外侧螺母上设计了反向器。反向器引导滚珠越过丝杠螺纹顶部进入相邻滚道，使滚珠运动过程中形成封闭循环链条。与外循环单个封闭链条不同，内循环形成多条封闭循环链条，称为列，如图 1.19 所示。反向器数目与列数相等。

内循环式滚珠丝杠螺母副的优点是结构紧凑，刚性好，滚珠流动性好，摩擦损失小；缺点是制造困难。该方式适合应用于高灵敏、高精度的进给系统中，但不适合应用于重载传动系统中。

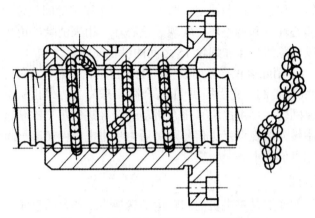

图 1.19　滚珠丝杠螺母副的内循环方式

2) 预紧

丝杠和螺母间无相对转动时，两者之间产生的轴向窜动量将影响加工精度。因此，必须采取措施，提高滚珠丝杠螺母副的轴向刚度，消除在正反两个方向运动过程中形成的丝杆与螺母间的轴向间隙。常用预紧方式消除滚珠丝杠螺母副的轴向间隙。预紧时，需要采用双螺母结构，利用两个螺母的相对轴向位移，使每个螺母中的滚珠分别接触丝杆滚道的左右两侧。预紧力一般应为最大轴向负载的 1/3。当要求不太高时，预紧力可小于此值。

根据作用原理不同，预紧方式可以分为双螺母垫片式预紧、双螺母螺纹式预紧和齿差式预紧等方式，如图 1.20 所示。

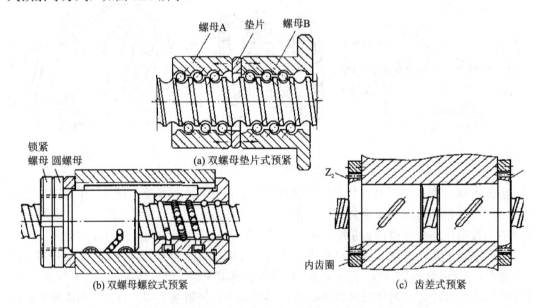

图 1.20　滚珠丝杠螺母副的预紧方式

图 1.20 (a)为双螺母垫片式预紧，该预紧方式通过修磨垫片的厚度来调整轴向间隙。这种调整方法具有结构简单可靠、刚性好和装卸方便等优点；缺点是调整费时，很难在一次

修磨中完成调整。

图 1.20 (b)为双螺母螺纹式预紧方式，该方式的设计有两个靠平键与外套相连的锁紧螺母，可以利用一只螺母上的外螺纹，通过调整螺母使螺母相对丝杠做轴向移动实现预紧，待间隙消除后用另一只圆螺母将其锁紧。这种调整方法具有结构紧凑、工作可靠和调整方便等优点，应用较广；缺点是调整位移量不易精确控制，预紧力大小也不能被准确控制。

图 1.20 (c)为齿差式预紧方式，该方式的两个螺母的凸缘上各制有圆柱外齿轮，分别与固紧在套筒两端的内齿圈相啮合。两端内齿圈的齿数不同，分别为 Z_1、Z_2。调整时，先取下内齿圈，让两只螺母相对于套筒同方向都转动一个齿，然后再插入内齿圈，两只螺母便产生相对角位移。导程为 P_h 的滚珠丝杠螺母副便会产生大小为 S 的轴向位移量 S，S 的计算方法为

$$S = \left(\frac{1}{Z_1} - \frac{1}{Z_2} \right) P_h \tag{1-2}$$

4．零传动进给系统

由上述内容可见，采用滚珠丝杠螺母副作为运动变换机构的进给运动驱动方式，由于中间传动环节的存在会带来以下问题：首先，使刚度降低，易产生弹性变形而使数控机床产生机械谐振，降低其伺服性能；其次，中间传动环节增加了运动惯量，使得位移和速度响应变慢；另外，间隙死区、摩擦、误差积累等因素导致不能够采用更高的进给速度和加速度，难以满足数控机床向高速和超高速加工发展的需要。为此，人们类比主运动的直接驱动方式，将直线电机引进数控机床进给运动拖动系统，取消了从电机到工作台之间的传动装置，把机床进给传动链的长度缩短为零，实现了"零传动"方式。

直线电机可以看成是一台旋转电机按径向剖开，并展成平面而成，如图 1.21 所示。由定子演变而来的一侧称为初级，由转子演变而来的一侧称为次级。在实际应用时，将初级和次级制造成不同的长度，可以是短初级长次级，也可以是长初级短次级，一般多采用短初级长次级。

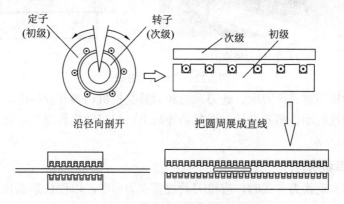

图 1.21　直线电机的工作原理示意图

对于初级固定的直线电机来说，在工作时初级绕组通入交流电源产生行波磁场，次级在磁场作用下产生感应电动势并产生电流，该电流与磁场互相作用产生电磁推力，推动次级做直线运动。如果次级固定，则初级做直线运动。

直线电机不仅能够满足数控机床高速加工要求，而且具有运动安静、噪音低，机械摩擦能耗低、效率高等优点，获得了传统传动形式无法达到的性能指标和优点。

1.3.3 自动换刀系统

自动换刀的作用就是储备一定数量的刀具并完成刀具自动交换，其目的是提高生产率，缩短非切削时间。因此，要求刀具储存量足够，结构紧凑，布局合理，刀具重复定位精度高，换刀时间尽可能短。此外，还需要高的刚度以避免冲击、震动、噪声，以及增设防屑、防尘等装置。

要实现自动换刀功能，除了前面所述数控机床主轴部件需要相关结构外，还需要存储刀具的刀库、刀具识别装置等组成部分。

1. 自动换刀方式

根据实现原理的不同，自动换刀有回转刀架换刀、更换主轴头换刀和带刀库自动换刀等方式。

回转刀架换刀的工作原理类似分度工作台，通过刀架定角度回转实现新旧刀具的交换，如图 1.22(a)所示。更换主轴头换刀的方式是先将刀具放置于各个主轴头上，再通过转塔的转动更换主轴头，从而达到更换刀具的目的，如图 1.22(b)所示。这两种方式的优点为设计简单，换刀时间短，可靠性高；其缺点是储备刀具数量有限，尤其是更换主轴头换刀方式的主轴系统的刚度较差，仅仅适合于工序较少、精度要求不太高的机床。

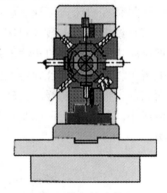

(a) 回转刀架换刀   (b) 更换主轴头换刀

图 1.22　自动换刀方式

带刀库自动换刀方式由刀库、选刀系统和刀具交换机构等部分构成，结构较复杂。该方式虽然有换刀过程动作多和设计制造复杂等缺点，但自动化程度高，适用于加工工序比较多的复杂零件。

2. 带刀库自动换刀

使用带刀库自动换刀方式时，应将刀具放置在刀库中，以便快速选择到所需刀具。该方式不仅要有事先存放刀具的刀库，而且要具有从刀库中选择刀具的功能。

通常，系统提供的刀具选择方式有顺序选刀和随机选刀两种。顺序选刀方式最简单，仅需在加工之前，按照各工序使用刀具的先后顺序将刀具在刀库中放置好，便可通过刀库的顺序转位实现刀具交换。但这种方式在加工工件变动时，需重新排列刀具顺序，操作麻烦、容易出错，因此逐渐被自动选刀系统代替。自动选刀系统设计的关键是编码方式和刀具识别技术。

1) 刀库形式

刀库的作用是将刀具事先放置在其内，以供加工时选用。根据形状的不同，刀库通常分为盘形、链式和格子箱式等，如图 1.23 所示。

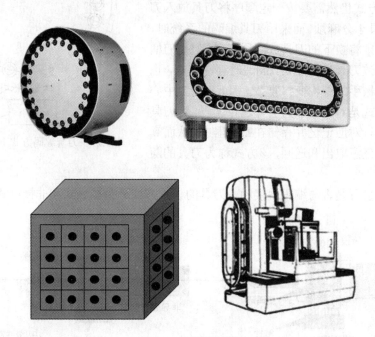

图 1.23 刀库的形状

2) 编码方式

采用任意选刀方式需要有对刀具的自动识别功能，为此，数控系统需要以一定的编码方式对刀具进行区分和记忆。编码采用二进制，根据编码机构位置的不同分为刀具编码和刀套编码两种方式。

刀具编码方式将编码设计在刀具的刀柄部分，为专用的编码环，如图 1.24 所示。编码环大小的不同代表 0、1 不同数字，多个环放置在一起构成刀具的编码信息。刀套编码原理与刀具编码原理类似，不同的是采用编码条形式，且用于识别刀具安装位置的编码条设计在安装刀具的刀套上。

编码环

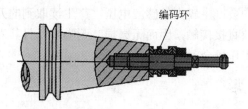

图 1.24 刀具编码方式所用的编码环

3) 刀具识别方式

无论是刀具编码还是刀套编码，其作用都是为每把刀具指定唯一的代码。编码能够方便刀具在使用时被快速找到,并且可以在不同的工序中多次重复使用。图 1.25 为采用刀套编码时识别刀具的示意图。

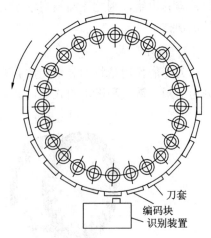

图 1.25　刀套编码方式下刀具的识别

采用刀套编码方式时,刀具的识别通过刀套实现,因此从一个刀套中取出的刀具必须放回同一刀套中,刀套编码方式仍然需要按一定顺序将刀具放入刀套中,取送刀具十分麻烦。而采用刀具编码的系统时,虽然不要求必须将换下的刀具放回原刀套,但是刀柄的特殊结构导致刀具长度加长,制造时存在困难,也使得刀库和机械手的结构变得复杂。因此,加工中心大量使用的方式是对刀具和刀套都进行编码,将刀具号与刀套号进行对应记忆并存储在寄存器中,从而真正实现刀具的任意取出和送回,该方式称为刀具的随机选择方式。

根据识别装置是否与编码块接触,刀具的识别方式分为接触式和非接触式,如图 1.26 所示。

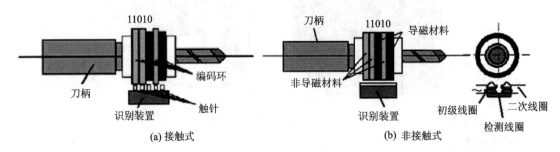

(a) 接触式　　　　　　　　　　(b) 非接触式

图 1.26　刀具识别方式

接触式刀具识别装置将触针与刀具编码对应,随着刀库的旋转,所需要的刀具便到达识别位置,触针读出与加工要求一致的刀具编码后,控制装置发出信号,使刀库停转,等待换刀。接触式刀具识别的结构简单,但磨损易导致寿命较短,而且可靠性较差,难以满足快速选刀要求。

根据工作原理的不同,非接触式刀具识别装置分为磁性识别和光电识别两种。图 1.26(b) 中所示的为磁性识别方式。当初级线圈中输入交流电压时(如编码环为导磁材料),磁感应较强,此时在二次线圈中会产生较大的感应电压,产生读取到的刀具编码信息。非接触式刀具识别装置不与编码块直接接触,因而无磨损、无噪声,且其寿命长、反应速度快,适合于高速、换刀频繁的工作场合。

1.3.4　数控机床的分类

按照加工过程中能够联动的坐标轴数,数控机床可以分为两轴机床、两轴半机床、三轴机床、四轴机床和五轴机床等,如图 1.27(a)～(d)所示。

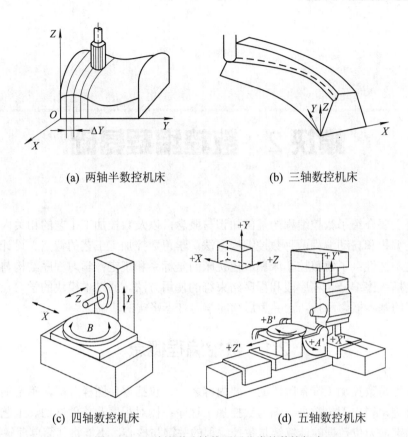

(a) 两轴半数控机床　　　　　　　(b) 三轴数控机床

(c) 四轴数控机床　　　　　　　(d) 五轴数控机床

图 1.27　几种按联动轴数不同分类的数控机床

1.4　本模块学习内容及学习要求、学习方法

　　对于数控加工及 CAM 技术的学习，本模块立足于典型的数控设备及平台应用，并融合数控加工新技术趋势，讲解了数字控制技术与传统机械加工相融合的应用原理。本模块希望在帮助读者理解并掌握数控加工及 CAM 技术的基础上，对机电一体化装备等的设计思路有基本的认识和理解。学与练环节的结合，能够帮助读者实现对前期所学设计与制造知识的升华与拓展。训练过程涵盖了手工编程与自动编程两种编程方法，既加深了读者对基本加工指令的认识与理解，又为读者学习复杂零件的自动编程打下良好的基础。本模块旨在培养读者以加工视角重新深刻理解设计、工艺及装备等专业理论知识的综合能力，以及综合应用数字控制技术等专业知识解决复杂工程问题的大工程能力。

　　机械设计制造及自动化专业培养的核心目标，不仅是要帮助读者具备制造出合格产品的技术能力，而且还倡导读者应具备社会责任感、爱国情怀与仁而爱人等人文素养，具备科学探索精神与精益求精的工匠精神，成为兼具综合素养与综合能力的工程师。围绕该目标，读者朋友们不仅要深刻学习领会本门课程的理论知识，多实践、多练习，在实操过程中用心领悟，培养并提高对所学知识的综合应用能力，而且要在实践过程中多动手，追求精益求精而非浅尝辄止，多思考，不断探索创新。

模块 2　数控编程基础

本模块主要介绍了数控编程的基础知识与概念，以及数控加工工艺的相关内容。读者将了解手工编程和自动编程两种数控编程方法；学习数控加工工艺的特点、设计方法以及零件的结构工艺性；了解数控车床和数控铣床的坐标系和规定；学习程序结构与格式的相关知识，包括程序编号、程序段和程序结束符的使用方法。通过本模块的学习，读者将掌握数控编程的基本概念和技巧，并为后续的学习打下坚实的基础。

2.1　数控编程概念

数控编程是数控加工准备阶段的主要内容之一，包括零件图样分析，确定加工工艺；计算走刀轨迹，得出刀位数据；编写数控加工程序；校对程序及首件试切。工艺过程及参数的设计确定，刀位数据的计算等是数控编程的关键与核心，不能将其简单理解为像 C 语言等编程的代码编写过程。

数控编程有手工编程和自动编程两种方法。

2.1.1　手工编程

手工编程的各个阶段均由人工完成，比较简单，容易掌握。手工编程主要用于点位加工(如钻、铰孔)或几何形状简单(如平面、方形槽)零件的加工，计算量小，程序段数有限，编程直观易于实现的情况等。

而对于具有空间自由曲面、复杂型腔的零件，刀具轨迹数据计算相当繁琐，选择运用手工编程则工作量大，极易出错，且很难校对，有些零件甚至无法通过手工编程完成，这时需要自动编程来完成。

2.1.2　自动编程

几何形状复杂的零件需借助计算机，并使用规定的数控语言编写零件源程序，经过处理后生成加工程序，称为自动编程。

随着数控技术的发展，先进的数控系统不仅向用户编程提供了一般的准备功能和辅助功能，而且为编程提供了扩展数控功能的手段。数控编程同计算机编程一样也有自己的"语言"，但有一点不同的是，由于硬件上的差距，数控编程的不同数控系统还不能达到相互兼容，以至于数控程序达不到相互通用的程度，当要进行自动编程加工时，首先要明确所使用的数控机床与相应的数控系统。

常用的数控自动编程工具软件有 UG 和 CAXA 制造工程师等。

UG 是美国 Unigraphics Solution 公司开发的一套集 CAD、CAM 和 CAE 功能于一体的三维参数化高端软件，用于航空、航天、汽车、轮船、通用机械和电子等工业领域。UG 软件在 CAM 领域处于领先的地位，是飞机零件数控加工首选的编程工具。

CAXA 制造工程师是由北京北航海尔软件有限公司推出一款国产化 CAM 产品。作为中国制造业信息化领域自主知识产权软件的优秀代表和知名品牌，CAXA 已经成为中国 CAD/CAM/PLM 业界的领导者和主要供应商。CAXA 制造工程师是一款面向二至五轴数控铣床与加工中心，且具有良好工艺性能的数控加工编程软件，具有性能优越、价格适中的优点，在国内市场颇受欢迎。

2.2　数控加工工艺

在普通机床上加工零件时，操作者需要根据工艺规程和工序卡上规定的加工内容，结合实际情况自行考虑并确定机床部件运动的次序、位移量和走刀路线等。在数控机床上加工零件时，则是按照事先编制好的加工程序对零件进行自动加工，加工的全过程按程序指令自动进行。因此，编程人员应把全部加工工艺过程、工艺参数和位移数据等制成程序，以控制机床进行自动加工。可见，由于控制方式的差异，数控加工工艺与普通机床工艺的规程有较大差别。

2.2.1　数控加工工艺的特点

相对于传统加工工艺，数控加工工艺具有以下两个显著的特点。

1．工艺内容具体

普通机床加工工件时，工序卡片的内容比较简单，工步的划分与安排，走刀路线和切削路线等大多是由操作者根据自身实践经验和习惯决定的，一般无须工艺人员在设计工艺规程时作详细规定。

而在数控加工时，每个动作与参数都必须由编程人员编入加工程序中，以控制数控机床自动完成加工。原本操作者可以在加工中对许多工艺问题采取灵活掌握与适当调整的策略不复存在，编程人员必须事先完成具体设计和安排。

2．工艺设计严密

数控机床的自动化程度较高，但其自适应性差，无法对加工中出现的问题进行自由地调整，尽管现代数控机床在自适应性调整方面做了不少改进，但其自由度并不大。例如，当在数控机床上攻螺纹时，它就无法获知孔中是否挤满了切屑，是否需要退一次刀，待清除切屑后再进行加工。因此，数控加工工艺的设计必须要注意到加工中的每一个细节，并且对细节的考虑要十分严谨，尤其是对图形进行数字处理、计算和编程时一定要力求准确无误，以免造成重大机械事故和质量事故。

大量实践证明，数控加工中出现的差错和失误有很大一部分是因为工艺设计师的考虑不周或计算与编程时粗心大意造成的。因此，编程人员必须具备扎实的工艺基本知识和丰富的实际工作经验，具有严谨的工作作风和高度的工作责任感。

2.2.2　数控加工工艺设计

数控加工工艺设计包括工艺路线的拟定和工序设计，是制定工艺规程的重要内容之一。数控加工零件工艺规程的编制综合了不同的工序内容，包括选择各加工表面的加工方法、划分工序以及工序顺序的安排等，最终确定出每道工序的加工路线和切削参数等，为编制程序做好充分准备。

数控加工工艺设计与普通机床加工工艺有很多相似之处，下面主要介绍数控加工工艺设计中需要特别注意的问题。

1.　定位基准选择

在加工时，用以确定零件在机床上正确位置所采用的基准，称为定位基准。定位基准是工件与夹具定位元件直接接触的点、线或面。根据工件上定位基准表面状态的不同，定位基准又分为精基准和粗基准。精基准是指已经经过机械加工的定位基准，没有经过机械加工的定位基准为粗基准。

定位基准的选择直接影响到零件的加工精度与加工顺序。有时，如果基准选择不当，会导致加工工序增多，夹具设计复杂化等问题。可见，定位基准的选择非常重要。

1) 基准选择考虑的问题

(1) 如何选择精基准以保证加工满足精度情况下的经济性；

(2) 基于 A，如何选择粗基准；

(3) 基准的选择要保证所有加工面有足够的加工余量，保证不加工表面与加工表面之间的尺寸位置精度符合图样要求；

(4) 基准面应有足够大的接触面积和分布面积，如图 2.1。

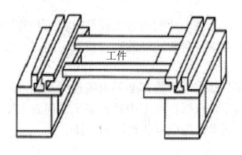

图 2.1　大的分布面积增加支撑的稳定可靠

2) 精基准选择原则

(1) 基准重合原则。

该原则要求设计基准与定位基准重合。当设计基准与定位基准不重合时，在加工误差中将会增加基准不重合误差，其值大小等于设计基准和定位基准之间的尺寸误差。如图 2.2(a)中的设计易于实现基准重合，图 2.2(b)则不易实现。

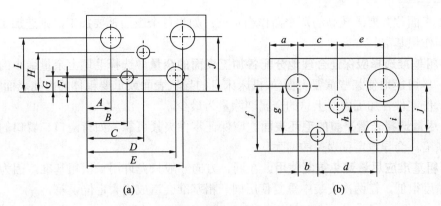

图 2.2　设计与基准重合的关系示意图

(2) 基准统一原则。

采用同一组基准定位加工零件上尽可能多的表面即为基准统一原则。这样做可以简化工艺规程的制订工作，减少夹具设计、制造工作量和成本，缩短生产准备周期。基准转换的减少保证了各加工表面的相互位置精度。通常，轴类零件用两端的中心孔作为统一的精基准；圆盘类零件用内孔和一个端面作为统一的精基准；箱体类零件则常用一个较大的平面，和在该平面上的两个相距较远的一组孔作为统一的精基准。

(3) 自为基准原则。

某些要求加工余量小而均匀的精加工工序，选择加工表面本身作为定位基准，则为自为基准原则。例如图 2.3 所示的导轨面磨削，为提高导轨面的加工精度和减小精磨余量，经常在导轨磨床的磨头装上百分表，以待加工的导轨面本身作为精基准进行找正加工。

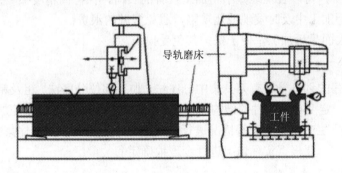

图 2.3　自为基准的导轨面磨削

(4) 互为基准原则。

为了使重要表面间有较高的相互位置精度，或使加工余量小而均匀，可采用互为基准进行多次反复加工。如精密齿轮的磨齿加工，当磨削高频淬火淬硬的齿面时，因其淬硬层较薄，就须先以齿面为基准磨内孔，再以孔为基准磨齿面，以保证齿面磨削余量小而均匀。车床主轴磨削加工也是互为基准的例子。主轴支承轴颈和主轴锥孔间有很高的同轴度要求及加工精度要求，因此，需要以锥孔为基准磨削轴颈，再以轴颈为基准磨前锥孔，这样经过多次反复，可逐步提高基准精度和加工表面加工精度，从而最终达到高的技术要求。

3) 粗基准选择原则

选择与加工面有相互位置要求的不加工面作为粗基准。如果存在多个不加工表面，则选与加工表面位置要求较高的那个面作粗基准；如果各个表面都要加工，则选加工余量小的加工面作粗基准。

(1) 粗基准选择应保证合理地分配各加工表面的余量。 选择毛坯上余量最小的表面作粗基准。尽可能地使某些重要表面(如机床床身的导轨表面或重要箱体的内孔表面等)的余量均匀，使零件各加工表面上总的金属切除量为最少。

(2) 尽量选择光滑平整的毛坯表面。 应保证零件夹紧可靠，如有浇口、冒口的残迹及飞边等缺陷，会导致定位误差的增大。

(3) 粗基准应尽量避免重复使用。 在同一方向一般只允许用一次粗基准，因为粗基准本身的精度很低，在两次安装中重复使用同一粗基准会造成很大定位误差。

2. 加工阶段划分

1) 加工阶段

零件的加工过程通常划分为粗加工、半精加工和精加工三个阶段。如果加工精度要求很高，还需要安排专门的光整加工阶段。如果毛坯表面比较粗糙，余量也较大，还需事先安排荒加工阶段。

2) 划分加工阶段的原因

(1) 粗加工变形大、内应力大，难以达到较高精度要求；而精加工吃刀量小，变形小。将加工阶段划分为粗加工与精加工两个阶段，相当于粗、精加工之间增加自然时效，可以消除内应力；

(2) 划分加工阶段可以合理地使用设备，以便最大限度发挥设备的能力。用精度不高的设备完成粗加工，可以合理地减小精加工设备的负荷，保持高精度加工；

(3) 便于在粗加工中及时发现毛坯缺陷，避免资源的浪费；

(4) 精加工表面最后加工，便于保护其免受损伤。

3. 工序划分

数控加工工序的划分一般有刀具集中分序法、加工部位分序法、粗及精加工分序法等。在划分工序时，一定要根据零件的结构与工艺性，机床的功能，零件数控加工内容的多少，安装次数及本单位生产组织状况等情况进行灵活划分。无论是采用工序集中的原则还是采用工序分散的原则，要根据实际情况进行合理地确定。

1) 刀具集中分序法

用刀具划分工序时，应用同一把刀具加工完零件上所有可以完成的部位后，再用第二把刀、第三把完成它们可以完成的其他部位的加工。这样的操作可减少换刀次数，压缩空程时间，以及减少不必要的定位误差。

2) 加工部位分序法

对于加工内容很多的零件，可按其结构特点将加工部分分成几个部分，如内形、外形、曲面或平面等。一般先加工平面、定位面，后加工孔；亦或先加工简单的几何形状，再加工复杂的几何形状；亦或先加工精度较低的部位，再加工精度要求较高的部位。

3) 粗、精加工分序法

对于易发生加工变形的零件，经粗加工后需要对发生变形的零件进行校形。一般来说，凡要进行粗、精加工的零件都需要将工序分开。

4．数控刀具的选用

刀具的选择是数控加工工艺中的重要内容之一，不仅影响机床的加工效率，而且直接影响零件的加工质量。与传统加工方法相比，数控机床的主轴转速及范围远远高于普通机床，主轴输出功率较大，这对数控加工刀具提出了更高的要求，即数控加工刀具需要做到精度高、强度大、刚性好、耐用度高，尺寸稳定，安装调整方便等要求，这也意味着刀具的结构合理，几何参数标准化与系列化尤为重要。数控刀具的选用应考虑以下几个方面：

(1) 根据零件材料的切削性能选择刀具。如车或铣高强度钢、钛合金、不锈钢零件，建议选择耐磨性较好的可转位硬质合金刀具。

(2) 根据零件的加工阶段选择刀具。粗加工阶段以去除余量为主，应选择刚性较好、精度较低的刀具；半精加工和精加工阶段以保证零件的加工精度和产品质量为主，应选择耐用度高、精度较高的刀具。如果粗、精加工选择了相同的刀具，建议粗加工时选用精加工淘汰下来的刀具，因为精加工淘汰的刀具磨损情况大多为刃部轻微磨损，涂层磨损修光，继续使用会影响精加工的加工质量，但淘汰下来的刀具对粗加工的影响较小。

(3) 根据加工区域的特点选择刀具和几何参数。在零件结构允许的情况下，应选用大直径、长径比值小的刀具。切削薄壁、超薄壁零件的过中心铣刀端刃应有足够的向心角，以减少刀具和切削部位的切削力。加工铝、铜等较软材料零件时应选择前角稍大一些的立铣刀，齿数也不要超过 4 齿。

例：请说明铣削加工时应如何选用图 2.4 所示的铣刀。

图 2.4(a)中的平底铣刀是平面加工中最常用的刀具之一，具有成本低、端刃强度高等特点；图 2.4(b)中的球头铣刀在复杂曲面加工中应用普遍，但切削能力较差；图 2.4(c)中的圆角铣刀兼具前两者共同的特点。因此，实际加工时，应按照下面原则合理选择所使用的刀具。

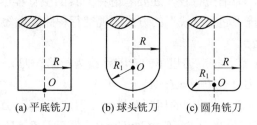

(a) 平底铣刀　　(b) 球头铣刀　　(c) 圆角铣刀

图 2.4　常用数控铣刀

粗加工的切削用量大，要求刀具的刀体和切削刃均具有较好的强度和刚度，一般尽可能选用图 2.4(a)中的大直径平底铣刀，以便加大切削用量、提高粗加工生产效率。

精加工切削用量较小，主要根据被加工零件表面的形状选择刀具。在满足加工要求的情况下，优先选用 2.4(a)中的平底铣刀；其次选择 2.4(c)中的圆角铣刀；当进行曲面加工时必须使用球头铣刀，即选择图 2.4(b)中的刀具。

5．走刀路线的确定

走刀路线即加工路线，是加工过程中刀具中心(即刀位点)相对于工件的运动轨迹和方向，包括切削加工的路径及刀具的切入、切出等运动路线。走刀路线包括了工步的内容，也反映出工步的顺序，是编写程序的依据之一，确定加工路线对提高加工质量和保证零件的技术要求是非常必要的。

走刀路线的确定主要遵循的原则：走刀路线应保证被加工零件的精度和表面质量；走刀路线数值的计算应尽量简单，以减少编程工作量；应使加工路线最短，这样既可减少程序段，又可减少空刀时间，以提高生产率；合理安排粗加工和精加工路线。

在不同的数控机床上加工零件，确定走刀路线时需要考虑的原则不完全一样。

1) 数控车加工走刀路线的确定

确定数控车削走刀路线时，应在保证加工质量的前提下，采用进给路线最短，空行程路线最短或者保证精加工余量均匀等原则，以节省加工时间，减少一些不必要的刀具损耗或机床进给机构滑动部件的磨损等。

(1) 进给路线最短原则。

图 2.5 为几种不同外形的粗车零件的走刀路线安排示意图。其中图 2.5(a)为"矩形"进给路线；图 2.5(b)为"三角形"进给路线；图 2.5(c)为车刀沿着工件轮廓进给的路线，刀具切削总行程最长，一般用于单件小批量生产。可见，矩形进给路线最短，显然最合理。

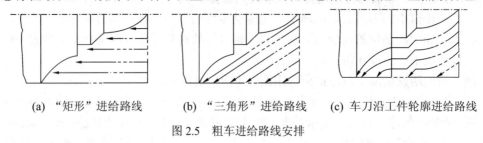

(a) "矩形"进给路线　　(b) "三角形"进给路线　　(c) 车刀沿工件轮廓进给路线

图 2.5　粗车进给路线安排

(2) 空行程路线最短原则。

在安排进给路线时，为缩短行程，还要考虑将刀具的空行程尽量缩短。通常，通过合理选择起刀点，合理安排"回空路线"的方式实现空行程路线缩短。图 2.6 为粗车安排的两种不同进给路线示例。

图 2.6(a)起刀点为 A 点。按三刀粗车的走刀路线为：第一刀 $A \to B \to C \to D \to A$；第二刀 $A \to E \to F \to G \to A$；第三刀 $A \to H \to I \to J \to A$。

图 2.6(b)起刀点在点 B，按相同的切削量进行三刀加工，走刀路线为：空行程 $A \to B$；第一刀 $B \to C \to D \to E \to B$；第二刀 $B \to F \to G \to H \to B$；第三刀 $B \to H \to I \to J \to K \to B$。

显然，两种走刀路线中，图 2.6(b)所示的空行程路线更短。

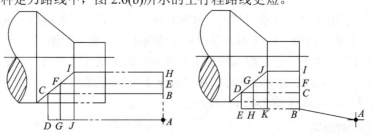

(a) 起刀点为 A 点的起刀路线　　(b) 起刀点为 B 点的起刀路线

图 2.6　粗车空行程路线对比示意图

(3) 保证精加工余量均匀原则。

图 2.7 所示为车削大余量工件的 3 种加工路线。若按图 2.7(a)所示的加工方法加工，在同样背吃刀量的条件下，加工后工件所剩余量过多且不均匀，不利于后续精加工的质量保证。按图 2.7(b)中 1～5 的顺序切削，每次切削所留余量基本相等，可以保证精加工时的工件余量均匀。图 2.7(c)所示是根据 X、Z 轴的插补功能，沿工件毛坯轮廓进给的路线加工，更能保证精加工时工件余量均匀。

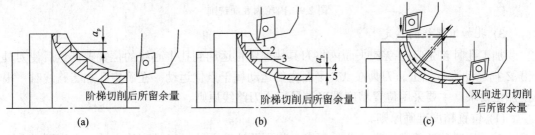

图 2.7　大余量毛坯的切削路线

2) 数控铣削加工走刀路线的确定

数控铣削加工进给路线对零件的加工精度和表面质量有直接的影响，同时，进给路线的长短及合理与否，还会影响到铣削加工的生产效率。确定铣削进给路线时，应考虑的因素有铣削表面的形状，零件的表面质量要求，机床进给机构的间隙和刀具耐用度等。下面对如何确定常见的几种轮廓形状的进给路线进行介绍。

(1) 铣削外轮廓表面的走刀路线。

如图 2.8 所示，为零件外轮廓表面铣削加工示意图。为减少接刀痕迹，保证零件表面质量，铣刀的切入点和切出点应沿零件轮廓曲线的延长线的切向切入或切出零件表面，不应沿法向直接切入零件。同时，在编程时应沿切线方向延长一段距离，以计算刀具的切入点和切出点坐标，以免在取消刀补时，刀具与工件产生碰撞而损伤工件，这样可保证零件轮廓光滑。

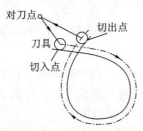

图 2.8　外轮廓表面铣削

(2) 铣削内轮廓面的走刀路线。

在铣削内轮廓表的面，切入或切出无法外延，这时，铣刀可沿零件轮廓的法线方向切入或切出，并将其切入点与切出点选在零件轮廓两几何元素的交点处。图 2.9 为铣削内轮廓表面的 3 种进给路线示意图。图 2.9(a)为行切法走刀路线，在两次接刀之间，该方法会使表面留下刀痕，导致表面质量较差，但此方法的加工路线较短；图 2.9(b)为环切法，该方法克服了表面加工不连续的缺点，但加工路线长，刀位计算较为复杂，效率较低；图 2.9(c)先采用行切法，后使用一刀用环切法，综合了前两种方案的优点。

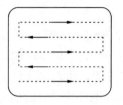

(a) 行切法走刀路线

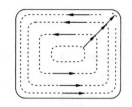
(b) 环切法走刀路线

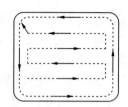
(c) 行、环综合走刀路线

图 2.9   内轮廓表面铣削

3) 孔加工路线的确定

加工孔时首先应在 XY 平面内将刀具快速定位运动到孔中心线的位置上；然后使刀具沿 Z 向运动进行加工。刀具在 XY 平面内的运动属于点位运动。在确定孔加工路线时，根据加工要求，主要采用位置精度准确与最短走刀路线原则。

(1) 位置精度准确原则。

对于位置精度要求较高的孔系加工，特别要注意孔的加工顺序的安排。安排不当有可能会将刀具沿坐标轴的反向间隙带入，直接影响位置精度。如图 2.10 所示的孔系，若采用图 2.10(a)中 $A \to 1 \to 2 \to 3 \to 4 \to 5 \to 6 \to A$ 走刀路线，则加工时 456 孔与 123 孔之间会存在反向间隙，难以保证位置精度；而图 2.10(b)中采用的中 $A \to 1 \to 2 \to 3 \to P \to 6 \to 5 \to 4 \to A$ 走刀路线可以避免反向间隙的出现。

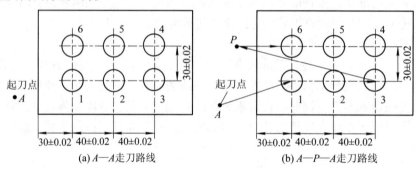

图 2.10   高定位精度孔的加工路线

(2) 最短走刀路线原则。

对于图 2.11(a)所示零件上的孔系，如果按照图 2.11(b)图的走刀路线，先加工均布于外圈的八个孔后，再加工内圈孔，则走刀路线较长；而图 2.11(c)的走刀路线显然最短，可节省近一倍的定位时间，极大提高了加工效率。

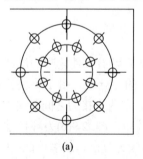
(a)

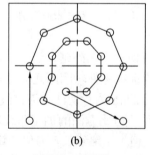
(b)

(c)

图 2.11   孔系加工

　　总之，在数控加工过程中，应尽量按照缩短进给路线，减少空刀时间，简化程序，减少编程工作量的原则合理安排走刀路线。保证加工精度，提高生产效率。

2.2.3　零件的结构工艺性

　　零件的结构工艺性是指所设计的零件在满足使用要求的前提下制造的可行性和经济性，是面向制造评价设计质量的关键指标。良好的结构工艺性，可使零件易于加工，节省工时和材料。较差的结构工艺性，会使零件加工困难，浪费工时和材料，有时甚至会使零件无法加工。作为设计员和工艺员，应了解数控加工的特点，从机械产品设计、制造的角度审查零件的数控加工工艺性，对传统的普通机械设计方案的结构工艺性重新进行评价，使之达到最佳水平，充分发挥数控机床的性能。

1. 零件内腔与外形设计采用统一的几何类型和尺寸

　　在零件加工时，该设计可减少刀具规格和换刀次数，编程方便，生产效益提高，因此零件的结构工艺性较好。

2. 不应设计过小的内槽圆角半径

　　内槽圆角半径的大小决定着刀具直径的大小。图 2.12(b) 与图 2.12(a) 相比，转角圆弧半径大，可以采用较大直径的立铣刀来加工。加工平面时，相应地减少进给次数有利于提高零件表面加工的质量，因而零件的结构工艺性较好。当 $R < 0.2H$ 时，可以判定零件该部位的结构工艺性不好。

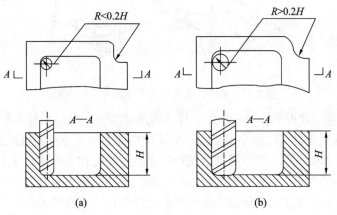

(a)　　　　　　　　　　　　　(b)

图 2.12　内槽零件的结构工艺性

3. 槽底圆角半径 r 不应设计过大

　　如图 2.13 所示，铣刀端面刃与铣削平面的最大接触直径 $d = D - 2r$(D 为铣刀直径)，当 D 一定时，r 越大，铣刀端面刃铣削平面的面积越小，加工平面的能力就越差，效率越低，工艺性越差。当 r 大到一定程度时，则必须用球头铣刀加工。

4. 为提高工艺效率，采用数控加工必须注意零件设计的合理性

　　必要时，应在基本不改变零件性能的前提下，

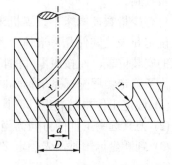

图 2.13　槽底平面圆弧对铣削加工的影响

从以下几方面着手，对零件的结构形状与尺寸进行修改：

(1) 尽量使工序集中，以充分发挥数控机床的特点，提高精度与效率；

(2) 采用标准刀具，减少刀具规格与种类；

(3) 简化程序，减少编程工作量；

(4) 减少机床的调整频次，缩短辅助时间；

(5) 保证定位刚度与刀具刚度，提高加工精度。

2.3 坐标系及规定

坐标系是确定刀具与工件相对位置的参考和依据，编程指令正是通过指定零件待加工轮廓上点的坐标来确定刀具的运动轨迹，从而加工出零件所需要的形状。数控机床采用标准右手直角笛卡儿坐标系。右手直角笛卡儿坐标系的应用已经标准化，ISO 和国标都有相应规定。在右手直角笛卡儿坐标系中，坐标轴用 X、Y、Z 表示，围绕 X、Y、Z 轴旋转的坐标轴用 A、B、C 表示，方向由右手螺旋定则判定。如图 2.14 所示。

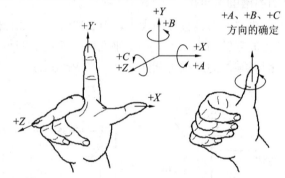

图 2.14   数控机床采用的右手笛卡尔坐标系

根据用途不同，数控系统所采用的坐标系通常分为机床坐标系和编程坐标系(或工件坐标系)。机床坐标系是制造过程中设定的一个逻辑坐标系，其原点叫机床原点或机械原点，是机床上的一个固有的点，原点通常由制造厂家确定，可在机床用户手册中查到。机械原点会随机床断电而消失。为建立机床坐标系，某些数控机床还设计有参考点，通过开机启动时返回参考点操作可建立坐标系。返回参考点操作可以消除由连续加工造成的机械累积坐标误差。参考点与机床原点可以重合，也可以不重合，是机床上的固定点，能够通过机床参数查到。

也有少量数控机床不设置机床坐标系，只通过编程坐标系确定刀具轨迹。编程坐标系用以确定和表达零件几何形体上各要素的位置，是指编程人员在编程时，不考虑工件在机床上的安装位置，而按照零件的特点及尺寸设置的坐标系。

为了确定编程坐标系坐标轴的方位与方向，特按照如下原则约定：

(1) 假定工件相对静止，刀具运动；

(2) 刀具远离工件的方向为坐标轴正方向；

(3) 判断坐标轴时，先确定 Z 轴，再定 X 轴，最后按右手定则判定 Y 轴。

2.3.1　数控车床的坐标系及规定

当数控车床进行回转加工时，编程需要规定只使用 X 轴和 Z 轴两个坐标轴的坐标系，坐标原点通常选在工件右端面中心，如图 2.15 所示。

按照前文坐标轴约定原则，先确定 Z 轴。数控车床坐标系的 Z 轴与其主轴重合，为装夹后工件的旋转轴心线。其正方向为刀架远离三爪夹盘的方向，如图 2.15 所示。

再确定 X 轴。数控车床坐标系 X 轴方位垂直于 Z 轴的水平位置，其正方向同样为刀架远离轴心线的方向，因刀架安装位置不同而有所区别，见图 2.15。

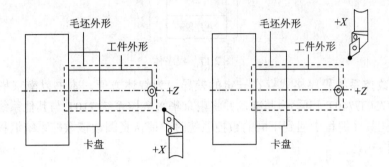

图 2.15　数控车床坐标轴及其方向规定

2.3.2　**数控铣床的坐标系及规定**

三轴数控铣床的坐标系原点为机床原点或者对刀后形成的原点，如图 2.16 所示。

数控铣床的 Z 坐标轴与其主轴重合，为刀具的回转中心线，其正方向为刀具远离工件的方向，即图 2.16 中向上的方向。

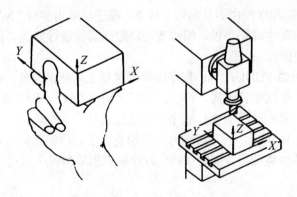

图 2.16　数控铣床坐标轴及其方向规定

当人面对数控铣床站立并双臂平举时，坐标 X 轴与人的双臂平行。由于刀具向左或向右均为远离工件的方向，因此，约定人的右手方向为坐标 X 轴的正方向，如图 2.16 所示。

Z 轴与 X 轴确定后，按照右手笛卡尔坐标系原则确定 Y 轴，三轴以上的数控机床的余回转轴的确定方式见右手笛卡尔坐标系规定，见图 2.16。

2.4　程序结构与格式

数控程序由程序编号(程序名称)，程序体以及由若干程序段构成，图 2.17 是程序主体部分。一个完整的数控程序由程序号、程序段和程序结束符三部分构成。

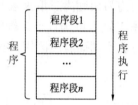

图 2.17　程序体

不同的数控系统程序格式存在一定的差异，为叙述方便，本书以南京华兴数控系统710T(720T /730T/740T 相同)为基准，并将南京华兴数控系统 710T 与其他系统略作对比进行讲解。当在具体编程中遇到不同的数控系统时，请认真阅读该数控系统编程手册，仔细了解其编程格式。

2.4.1　程序编号

华兴 710T 系统规定由字母"P"或"N"+4 位数字的方式构成主程序编号。如果有子程序，则程序编号必须使用字符"N"+4 位数字。

FUNUC 规定程序编号使用字母"O"开头，西门子系统则规定使用符号"%"。

2.4.2　程序段

华兴 710T 系统的程序段由编号和指令构成。程序段采用字母"N"+4 位数字表示，程序录入过程中系统自动生成程序段，编程者可以根据需要进行修改。指令包括 G、M、S、T 等不同种类，后面详述。

某些数控系统中如 FUNUC 等，程序段除了包括上述两部分外，还需要程序段结束符部分。不同的数控系统结束符不同，有";""*""NL""LF"或"CR" 等。

需要说明的是，数控程序的执行顺序与程序段编号的大小无关，而是按照先后排列顺序依次执行，如图 2.16 所示。程序段编号的作用是为了程序编辑时方便检索查找，或者方便实现程序跳转。某些特殊指令需要在指定程序段范围等情况下采用。

2.4.3　程序结束符

几乎所有数控系统，包括华兴 710T，都采用 M02 或 M30 作为程序结束符。当采用M30 时，系统自动跳转至当前程序开始段后可直接再次执行。

程序结束符位于程序最末段，用于标志整个加工程序的结束，不得省略。

模块 3 数控车削与手工编程技术

本模块介绍了数控车削与手工编程技术相关的基本知识，包含数控车床常用夹具及工件的装卸的方案，以及刀具的选择和安装的方法；指令的模态或续效性，并阐述了 F、S、T 指令，辅助功能 M 指令，一般准备功能 G 指令和循环准备功能 G 指令的具体用法；程序管理、对刀操作和调用程序完成加工的步骤和方法；如何编制加工程序，以及如何上机加工等内容。

3.1 引 言

思考：如何应用手工编程在数控车床上完成如图 3.1 所示零件的加工？

结合前述模块的知识，我们知道，要加工出图 3.1 所示的零件，需要经过以下步骤：

(1) 准备阶段：准备毛坯，选择刀具，并正确将毛坯装夹到机床上；

(2) 工艺制定阶段：确定加工工序及工步，选取切削用量，确定走刀方式等；

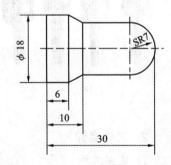

图 3.1 一个简单的待加工零件图

(3) 程序编制阶段：结合工艺及零件尺寸要求，根据数控系统指令格式要求，编写出加工程序并输入数控系统；

(4) 具体加工阶段：进行试切对刀，然后调用程序进行加工操作。

上述这些步骤都包括些什么具体内容呢？比如，如何选择刀具与切削用量，如何编制程序并进行加工操作等，这就是本模块要详细讲解的内容。工艺的制定可参考前面模块。

3.2 加 工 准 备

在数控车床上进行手工编程加工时，准备工作包括工件的装卸及刀具的选择与装夹。

3.2.1 数控车床常用夹具及工件的装卸

1. 常用夹具

数控车床常用的夹具包括夹盘、尾座与顶尖。夹盘有三爪夹盘和四爪夹盘，如图 3.2

所示。三爪夹盘具有自动定心功能，主要用于装夹回转体零件。四爪夹盘的四个爪不能够实现联动，不具有自动定心功能，装夹时需要找正操作，四爪夹盘常用于装夹相对复杂的非回转体零件。

图 3.2   三爪夹盘与四爪夹盘

顶尖分为固定式和回转式，与尾座配合使用。根据调整方式不同，尾座又分为手动尾座和可编程尾座，如图 3.3 所示。

(a) 顶尖   (b) 手动尾座   (c) 可编程尾座

图 3.3   顶尖与尾座

2. 工件装卸

1) 装夹工件

首先，利用扳手和套筒调整三爪夹盘开口略大于工件直径，用刷子等清理工具清洁夹爪，清除灰尘切屑等异物；然后，右手将工件送入夹爪，左手转动扳手，轻轻夹紧工件；最后，调整工件伸出长度，并夹紧工件。

使用数控车床装夹工件棒料时，一般用三爪卡盘夹紧工件棒料，夹紧工件棒料时需要保持一定的夹持长度。夹持长度根据加工的性质来确定。当进行粗加工时，夹紧力大，通常夹持长度为 20～30 mm。当进行精加工时，夹紧力相对较小，夹持的长度较短，有的只有 2～3 mm。

确定工件伸出长度，需要操作者根据自身经验判定，需要逐步积累。确定伸出长度时主要考虑零件的加工长度及必要的安全距离，刀具与卡盘之间最小距离应为 1 mm。在不使用顶尖的情况下，伸出长度与材料直径之比应该小于 5。

对于长度较短，重量较轻的工件，可直接使用夹盘装夹。当工件长度相对较长，且重量较大时，需要利用顶尖与夹盘配合装夹工件。工件装夹后，应旋转均匀，防止出现偏心等不良现象。

2) 卸下工件

刚加工完成的工件要等待工件冷却，避免烫伤人。工件冷却后，利用套筒扳手松开夹盘，用布等包住工件，右手持工件，左手旋动夹盘卸下工件，将工件放置在规定位置后，清洁夹爪。

3.2.2　刀具的选择及安装

1. 常用车刀

车刀有整体式和机夹可转位等类型，机夹可转位车刀的应用较多。根据加工用途的不同，车刀通常分为外圆车刀、切断刀、螺纹车刀等，其形状如图 3.4 所示。

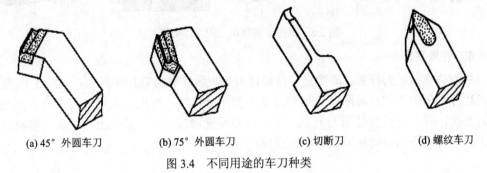

(a) 45°外圆车刀　　(b) 75°外圆车刀　　(c) 切断刀　　(d) 螺纹车刀

图 3.4　不同用途的车刀种类

机夹可转位车刀的刀杆有圆形和方形，不同的形状适应不同刀架的安装。刀片形状多样，有三角形、正方形、菱形、多边形和圆形等，可根据加工需要选用。

2. 刀片选择

使用机夹可转位车刀时，可依据以下原则选择刀片。

在小型机床上进行内轮廓加工，面对工艺系统刚性比较差，或者工件结构比较复杂等情况，通常选择前角为正的刀片类型。如果被加工工件为细长轴，安装刀片后应保证较大的主偏角。对于金属切削率较高，加工条件比较差的外圆加工，选择负前角刀片比较适宜。图 3.5 为前角为正负两种情况刀具示意图。

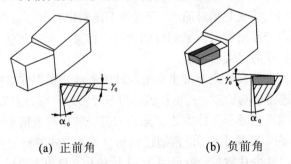

(a) 正前角　　　　　(b) 负前角

图 3.5　刀具前角正负两种情况示意图

一般外圆加工时，常选用四方形、80°三角形或 80°菱形刀片；仿形加工通常采用 35°菱形刀片、55°菱形刀片或圆形刀片。

在机床刚度与功率等条件许可情况下进行大余量粗加工时，尽量选择较大刀尖角的刀片，反之，选择刀尖角较小的刀片。

3. 刀片夹紧

机夹可转位车刀的刀片夹紧方式有偏心式、杠杆式、上压式和楔块式等，如图 3.6 所示。使用时可根据不同的机床类型、加工材料及加工阶段进行差异化选择。硬质合金刀片在夹紧时，应选择合适的夹紧力，太用力容易导致刀片破碎。

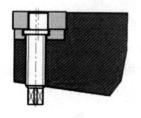

图 3.6　机夹可转位车刀的刀片夹紧方式

4. 刀具夹紧

将刀片安装在刀杆后，需要将刀具通过刀架夹紧在普通数控车床上，见图 3.7。常见的普通数控车床的刀架有转塔式刀架和方形刀架两种形式。利用刀夹可以将刀具夹紧在转塔式刀架上，即将刀具安装到刀夹上，然后将刀夹夹紧在转塔式刀架上。刀夹有多种结构类型，分别与不同的刀架和刀具结构相适应。

图 3.7　普通数控车床用转塔式刀架和四方形刀架

刀具在四方形刀架上的安装相对简单，通过调节压紧螺钉就可以将刀具夹紧到刀架上。夹紧刀具一般要用到两个紧固螺钉，紧固时轮换逐个拧紧，一定要使用专用扳手，不允许再加套管，以免使螺钉受力过大而损伤。

必须注意，车刀刀尖的高低应对准工件的回转轴心线，车刀安装得过高或过低都会引起车刀角度的变化，进而影响切削。根据经验，粗车外圆时，车刀刀尖应稍高于工件中心；精车外圆时，车刀刀尖应稍低于工件中心。无论刀尖安装得高或低于工件中心，一般不能超过工件直径的 1%。在实际使用中，通常通过增加垫片的方式调整刀尖高度，垫片要平整，应尽可能地用厚垫片以减少片数，一般只用 2～3 片垫片，片数太多或不平整，会使车刀产生振动，影响切削。各垫片应位于刀杆正下方，垫片前端与刀座边缘平齐。

车刀安装夹紧后，不能伸出刀架太长，否则刀杆刚性相对减弱，切削时容易产生振动，使加工出的工件表面不光洁。一般情况下，车刀伸出的长度不应超过刀杆厚度的两倍，车断刀伸出长度应适当大于工件半径。

3.3 编程指令及应用

数控加工程序由各种功能指令按照规定的格式组成，正确地理解各个功能指令的含义，恰当地使用各种功能指令，按规定的程序指令编写程序，是编好数控加工程序的关键。本模块所讲解的指令以华兴 710T/720T/730T/740T 数控系统为基础，华兴 710T/720T/730T/740T 数控系统的指令会与其他类型数控系统指令存在差异，使用时请查阅参考相应用户手册。

3.3.1 指令的模态或续效性

通常，数控系统的指令被分为模态指令和非模态指令。

模态指令也称续效指令，该类指令一经程序段中指定，便一直有效，直到出现同组另一指令或被其他指令取消时才失效。编写程序时，与上段相同的模态指令可以省略不写。不同组模态指令编在同一程序段内时，不影响其续效。

绝大部分指令为模态指令，包括主轴转速、进给速度、坐标指令字、直线插补和圆弧插补等指令。如 X 坐标指令字，当后续程序段不出现时，则直接继承程序中首次出现设定的坐标值。

非模态指令，也叫非续效指令，仅在出现的程序段中有效，程序段结束时，该指令功能自动被取消，下一步程序需要时必须重写。

3.3.2 F、S、T 指令

1. 进给速度控制 F 指令

指令格式：F + 数字，该指令用于指定切削时进给量的大小。华兴数控系统进给量的单位为微米/转($\mu m/r$)。

车削加工时，进给量也有采用 mm/min(毫米/分)和 mm/r(毫米/转)两种单位的数控系统。如华中世纪星车床数控系统提供指令 G94 和 G95 以指定不同的进给量单位，使用指令 G94 时进给量单位为 mm/min，使用 G95 时为 mm/r，如图 3.8 所示。

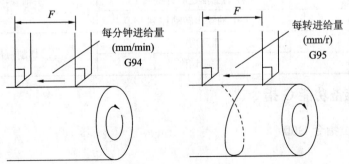

图 3.8   进给量单位指定示意图

2. 主轴转速控制 S 指令

指令格式：S + 数字。该指令用于指定主轴转速的大小。在华兴系统中，主轴转速以转/分(r/min)表示。

S 指令须与主轴旋转控制 M 指令配合使用,才能够使主轴旋转起来。如 M03 S500 程序段执行后,主轴便以 500 r/min 的转速顺时针旋转起来。

主轴转速的单位有 r/min(转/分)和 m/min(米/分)两种。因此,在某些数控系统中,如华中世纪星车床数控系统,提供指令 G96 和 G97 用于指定主轴转速单位,使用指令 G96 时主轴转速单位为 m/min,使用 G97 时为 r/min。

当采用恒线速度切削模式 m/min 时,随着工件直径的不断变小,转速将不断变大,为限制转速太大导致飞车情况出现,华中世纪星系统又提供了 G46 指令用于限制极限主轴转速大小。例如:

    N10 G96 M03 S50

    N20 G46 1200

上述程序表示,指定主轴以顺时针 50 m/min 横线速度进行切削,限制最大主轴转速不超过 1200 r/min。

3. 刀具 T 指令

指令格式:T + 4 位数字。前两位数字代表刀具号,后两位代表刀具补偿号,刀具补偿号在对刀时设定,用于存放刀具补偿信息。

华兴数控系统通常采用相同的刀具号与刀具补偿号,因此,使用该指令时可以简写为 T + 2 位刀具号。

3.3.3 辅助功能 M 指令

辅助功能 M 功能指令用于控制程序结束、主轴转速和切削液开关等,其名称及意义在各种数控系统中几乎不变。辅助功能 M 指令常见用法及说明列于表 3.1 中。

表 3.1 辅助功能 M 指令功能用法及说明

指令名称	功 能	说 明
M02/M30	程序结束标志	见前文
M03	控制主轴顺时针旋转	主轴旋转控制
M04	控制主轴逆时针旋转	
M05	主轴停止转动控制	
M08	打开切削液	切削液控制
M09	关闭切削液	

3.3.4 一般准备功能 G 指令

1. 快速定位指令 G00

指令格式:

    G00 X(U)-Z(W)-

该指令的作用是控制刀具快速从当前位置移动到坐标点(X, Z)或(U, W),X、Z 为绝对坐标,U、W 为相对刀具当前位置的增量坐标。不移动的坐标省略不写。

快速定位指令用于加工前快速将刀具定位到进到点,或加工完成后快速退刀。执行该指令需要注意避免刀具快速移动时与路径上的物体发生干涉。

【项目 3-1】 请写出图 3.9 中刀具快速从 A 点移动到 B 点的指令。

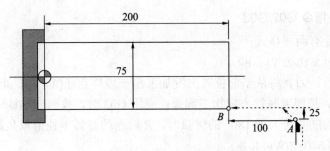

图 3.9 刀具快速定位指令例图

绝对坐标编程：G00 X75 Z200 数值 75 和 200 为 B 点的 X、Z 绝对坐标值。需要特别注意的是，数控车床在编程时做回转运动，因此只有 X、Z 两个坐标。X 坐标为了与制图时尺寸标注习惯一致，则按规定直接使用直径坐标，避免不必要的计算。

增量坐标编程指令：G00 U-50 W-100。当坐标值为负数时，表示增量的方向与坐标轴方向相反，反之用正数表示。

2. 直线插补指令 G01

指令格式：

    G01 X(U)-Z(W)-F-

执行该指令后，刀具从当前所在位置以直线运动的方式切削到坐标点(X, Z)或(U, W)。F 后面的数值代表进给速度，如果在该程序段前没有指定进给速度，则必须在该程序段指定，否则刀具不移动。

使用该指令时，不变化的坐标可以不出现在指令中。

【项目 3-2】 请编写加工图 3.10 (a) 中从 A 点切削到 B 点轮廓的程序。

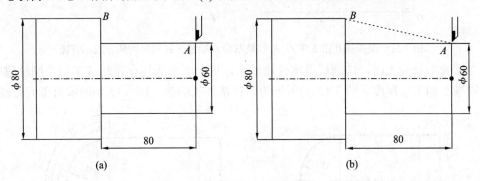

图 3.10 直线插补指令示例图

绝对坐标编程：

    G01 Z-80 F60

    X 80

增量坐标编程：

    G01 W-80 F60

U20

特别注意：如果上述程序写为 G01 X80 Z-80 F60，则加工路线如图 3.10(b)中虚线所示。

3. 圆弧插补指令 G02/G03

圆弧插补指令有两种格式：

(1)　G02/G03 X(U)-Z(W)-R-F-

执行该指令后，刀具将从当前位置出发加工出一段终点在(X, Z)，半径为 R 的圆弧。应用 G02 指令时，按照顺时针方向加工圆弧；应用 G03 时，按照逆时针进行圆弧加工。如果被加工的圆弧为圆心角大于 180° 的优弧时，R 后面的圆弧半径值以负数表示。

(2)　G02/G03 X(U)-Z(W)-I-K-F-

执行该指令后，刀具将从当前位置出发加工出一段终点在(X, Z)，圆心由 I、K 参数指定的圆弧。圆弧的顺逆时针同上。参数 I、K 为由被加工圆弧起点指向其圆心的矢量沿 X、Z 坐标轴方向的分矢量，当分矢量与坐标轴的方向一致时取正值，反之取负值。I 仍然采用直径值。

图 3.11(a)给出了确定 I、K 参数及其方向的方法。实际操作时，如何判断所加工圆弧的顺、逆时针方向呢？通常，将垂直于圆弧所在平面的坐标轴作为参考进行判断。如在车削加工中，参考坐标轴为 Y 轴。如图 3.11(b)所示，当判断者站立在面对 Y 轴正方向观察时，如果圆弧为顺时针，就采用 G02 指令，如果为逆时针就用 G03。

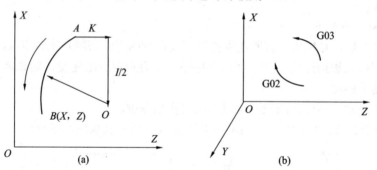

图 3.11　圆弧插补指令中 I、K 参数取值及顺逆时针圆弧判断方式示意图

当圆弧半径较大时，切削层厚度会比较大，这时通常采用车锥法或车同心圆法进行加工，以减小切削层厚度。图 3.12 (a)所示为车锥法加工圆弧，图 3.12(b)所示为车同心圆法。

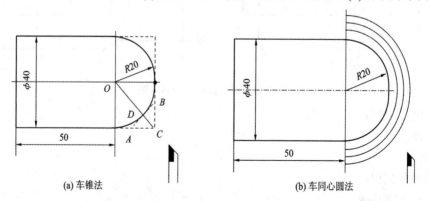

(a) 车锥法　　　　　　　　　(b) 车同心圆法

图 3.12　圆弧加工大切削用量处理方式示意图

由图 3.12 可见，使用车锥法首先需要确定线段 *AB*，该方法计算麻烦，不如车同心圆法计算简单。但车同心圆方法加工时空行程较长，加工效率不如车锥法。两种方法各有优缺点，用时应根据实际情况进行选择。

【项目 3-3】　请编写图 3.13 中圆弧 *AB* 的加工程序。

根据右手笛卡尔坐标系判断，图 3.13 中的 *Y* 坐标轴正方向由纸面向外，面向 *Y* 坐标轴正方向观察，图中待加工圆弧为顺时针方向，因此采用 G02 指令。

指定半径式绝对坐标编程：

G02 X40 Z40 R10 F50

指定半径式增量坐标编程：

G02 U20 W-10 R10 F50

指定圆心式绝对坐标编程：

G02 X40 Z40 I20 K0 F50

指定圆心式增量坐标编程：

G02 U20 W-10 I20 K0 F50

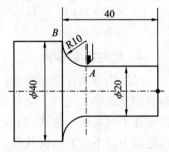

图 3.13　圆弧插补指令示例图

【项目 3-4】　基本指令综合应用：请编写图 3.14 所示零件的精加工程序。

精加工即完成最后一刀切削，直接沿着零件最终轮廓完成切削即可，不必考虑毛坯及切断问题。假定这里选择切削速度 500 r/min，进给量 40 μm/r，刀具为 1 号刀具。该零件轮廓的加工程序如下(程序段编号省略，华兴系统编程时会自动生成)：

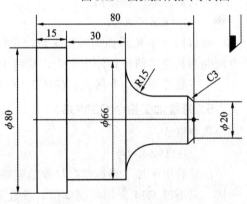

图 3.14　基本指令综合应用示例图

M03 S500	主轴顺时针旋转，速度 500 r/min
G00 X150 Z150	事先到达一个安全位置，保证换刀时刀架与夹盘、工件等不产生干涉
T01	如果当前刀具不是 01 号刀具，系统会执行自动换刀，否则，刀架没有动作
G00 X20 Z3	留一定安全距离
G01 Z0 F40	以切削方式接触到工件，避免对刀具的冲击
X26 Z-3	
Z-20	
G02 X50 Z-35	为什么用 G02，圆弧顺时针加工是如何判断的
G01 X66	
W-30	增量坐标编程，大多数控系统允许绝对坐标与增量坐标混合编程
X80	
W-15	增量坐标编程
G00 X150	加工完成后，回起刀点，注意刀具运动路径上是否有干涉
Z150	
M30	程序结束

设置安全距离的作用：一方面，防止刀具在快速移动中接触到工件，这样容易损伤刀具；另一方面，让刀具以平稳切削的方式进入加工状态，避免刀具在达到进给速度的加速过程中出现切削不平稳的情况。

安全距离可以从 Z 坐标轴方向预留，如上述例子中的编程方法，也可以留在 X 坐标轴方向，其程序代码如下：

```
G00 X30 Z0        留安全距离；
G01 X20 F40       以切削方式接触到工件，避免对刀具的冲击；
X26 Z-3
```

4．延时指令 G04

延时指令为非模态指令，只在当前程序段有效。该指令用于切槽和钻镗孔时，让刀具暂时停止进给，这时主轴仍在旋转，并进行光整加工，有利于获得更光滑的加工效果。该指令在不同系统中格式略有不同，但其后跟的参数均为需要停止的时间。在含有该指令的程序段中，不能够出现其他 G 指令功能。

华兴数控系统指令格式：

　　G04 K××.××

参数指令字 K 后面为时间参数，单位为 s，延时范围为 0.01～65.5 s。如 G04 K10.5 指令控制刀具在当前位置停止进给，延时 10.5 s。

华中数控系统指令格式：G04 P，单位为 s。

5．螺纹加工指令 G33/G34

指令格式：

　　G33 U-Z-K-R-

U 参数用于加工锥螺纹；U 参数省略不出现，则加工圆柱螺纹。G34 格式与 G33 完全一样，只不过 G34 采用英制单位。参数 U、Z 指定螺纹终点坐标；K 参数指定螺距；R 参数指定切削深度，可参考表 3.2 进行选取，加工外螺纹时该值为负数。指令执行完成后，刀具自动返回加工螺纹起刀点。

上述螺纹的加工指令是由华兴系统规定的，其他 FUNUC 系统，如华中系统等，螺纹加工指令的名称及参数会略有不同，使用时请参考相关编程说明书。

表 3.2　常用公制螺纹加工的进给次数与背吃刀量　　(mm 参考)

螺　距		**1.0**	**1.5**	**2.0**	**2.5**	**3.0**	**3.5**	**4.0**
牙　深		**0.649**	**0.974**	**1.299**	**1.624**	**1.949**	**2.273**	**2.598**
背 吃 刀 量 和 切 削 次 数	1　次	0.7	0.8	0.9	1.0	1.2	1.5	1.5
	2　次	0.4	0.6	0.6	0.7	0.7	0.7	0.8
	3　次	0.2	0.4	0.6	0.6	0.6	0.6	0.6
	4　次		0.16	0.4	0.4	0.4	0.6	0.6
	5　次			0.1	0.4	0.4	0.4	0.4
	6　次				0.15	0.4	0.4	0.4
	7　次					0.2	0.2	0.4
	8　次						0.15	0.3
	9　次							0.2

在加工时，螺纹的起始段和停止段会出现螺距不规则的现象，因此，在实际加工时应留一定的切入(δ_1)空行程量和切出(δ_2)空行程量。通常取 $\delta_1 = 2\sim5$ mm、$\delta_2 = (1/4\sim1/2) \times \delta_1$。

【项目3-5】　请编写加工程序，切削图 3.15 中所示零件的螺纹部分两次。

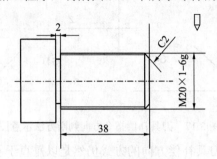

图 3.15　螺纹加工指令应用

M03 S300

G00 X150 Z150

T01　　　　　　　　螺纹刀具

G00 X21 Z2

G33 Z-39 K1 R-1.7　　切入深度 0.7；U=19.3，略去，若 U ≠ 19.3 则不可省略，且加工出锥螺纹

G33 Z-39 K1 R-2.1　　切入深度 0.4

G00 X150

　　　Z150

M30

6. 刀尖圆弧半径补偿指令 G40/G41/G42

为防止车刀过快磨损，提高加工表面的粗糙度，常将刀尖磨成圆弧过渡刃，但这样的车刀在切削转角、锥面或圆弧面时，会出现过切或少切的情况，如图 3.16 所示。为此，需要采用刀尖半径补偿指令来消除误差。

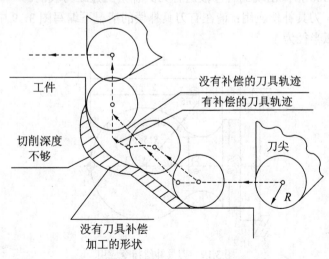

图 3.16　刀尖圆弧半径补偿功能示意图

G40 指令为取消补偿指令，G41 为刀具左补偿指令，G42 为刀具右补偿指令。左右补偿的判断方法如图 3.17 所示。

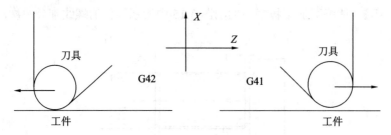

图 3.17　刀具补偿指令方向判断方法示意图

由图 3.17 可见，判断刀具补偿方向的方式仍然是以垂直于补偿平面的坐标轴为参照，判断者面对该坐标轴的正向，沿着切削前进方向看时，如果刀具位于工件左侧，则为左补偿 G41，如果刀具位于工件右侧，则为右补偿 G42。

使用刀尖半径补偿指令前，必须对刀具补偿相关参数进行设置。这些设置包括刀具沿着 X、Z 坐标轴方向的刀具补偿值，以及刀尖圆弧半径 R 值和刀具相位参数 P_H。图 3.18 所示为刀具相位参数及其与坐标系之间的关系示意图。

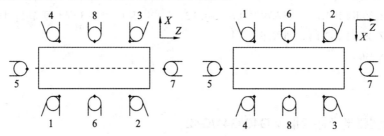

图 3.18　刀具相位参数及其与坐标系关系

刀具补偿的建立与取消指令必须出现在包含 G01 指令的程序段，某些数控系统，如华中系统也允许在 G00 指令出现的程序段进行刀具补偿的建立与取消。

【项目 3-6】刀具补偿应用：请在有刀具补偿的情况下编写图 3.19 中所示零件的精加工程序，刀尖圆弧半径为 1。

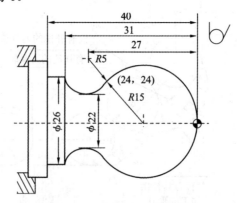

图 3.19　刀具补偿指令应用

根据刀架安装位置及刀尖偏向，设置补偿参数：$D_X = 0$；$D_Z = 0$；$R = 1$；$P_H = 3$。然后编写具有刀尖圆弧半径补偿功能的加工程序。

  M03 S500

  G00 X150 Z150

  T01

  G00 X0 Z3

  G42 G01 Z0 F50   在含有 G01 指令程序段建立刀具补偿，为什么是 G42

  G03 X24 Z-24 R15

  G02 X26 Z-31 R5

  G01 Z-40

  G40 X30   在含有 G01 指令程序段取消刀具补偿

  G00 X150

   Z150

  M30

7．子程序及调用指令 G20/G22/G24

当一个程序中的某些程序段多次反复出现时，为了提高编码的效率与程序的可读性，可以将这些程序段抽取出来，编制成一个子程序，以调用的方式完成重复代码使用。华兴系统规定子程序的编号或者名称必须以字母 N 开头。

G20 为子程序调用指令，其格式为 G20 N××××.×××。参数 N 后面跟由小数点分割开的两部分数字。小数点前面的数字为子程序名称，且最多允许 4 位数字。小数点后面部分为指定子程序调用次数，该次数的取值范围为 1～255。G20 指令所在的程序段不得出现其他内容。子程序也可以调用子程序，最多可以嵌套 10 次，但不允许调用自身。

G22 指令格式为 G22 N××××，N 后面跟的参数为子程序名。G24 指令位于子程序的末尾，其功能相当于子程序结束符。

【项目 3-7】 利用子程序调用方式编写图 3.20 所示的零件 AB 段轮廓加工程序。

编写子程序：N1234

  G22 N1234

  G00 U-2

  G01 W-7 F100

  U-20 W5

  G00 W2

  U20

  G24

编写调用该子程序的主程序：P0023

  M03 S500

  G00 X150 Z150

  T01

  G00 X42 Z17

  G20 N1234

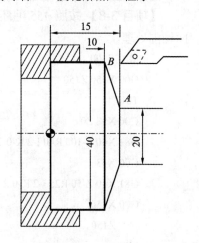

图 3.20　子程序调用指令应用

```
G00 X150
    Z150
M30
```

3.3.5　循环准备功能 G 指令

1. 内外径加工固定循环指令 G81

指令格式：

G81 X(U)-Z(W)-R-I-K-F-

参数 X、Z 指定加工终点坐标，R 后面跟在加工起刀点处完成加工后的最终直径值；当采用 U、W 增量坐标时，R 为终点直径减去起点直径的差。I 后面跟的参数为粗加工切削厚度，K 后面跟精加工时切削厚度，外圆加工时 I、K 两参数取负数，内圆加工时 I、K 两参数取正数。当 X、R 后面跟相同参数时，则加工圆柱面；当 X、R 后面跟的参数不相同时则加工锥面。应用该指令的走刀路线如图 3.21 所示。

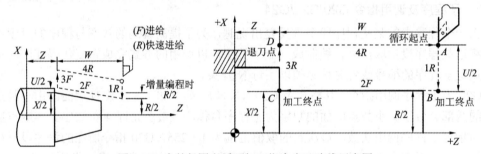

图 3.21　内外径固定循环加工指令走刀路线示意图

该指令执行完成后，刀具自动返回加工起点。

注意：达到循环标准，并使用该指令的条件为，切削层的厚度至少需要切削三次才能够完成加工。否则请选用 G01 指令进行加工。

【项目 3-8】按照 $\phi 55$ 毛坯编写图 3.22 中所示的零件轮廓加工程序。假定已经完成端面切削处理。

```
M03 S500
G00 X150 Z150
T01
G00 X58 Z0
G81 X40 Z-100 R40 I-2 K-0.2 F30
G00 X43
G81 X40 Z-50 R25 I-2 K-0.2 F20
G00 X150
    Z150
M30
```

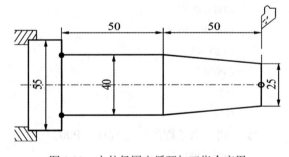

图 3.22　内外径固定循环加工指令应用

上述为华兴数控系统指定的 G81 指令格式及参数意义，其他数控系统的同名指令会有所区别，使用时应认真领会指令格式、参数意义及用法。

2．内外径加工复合循环指令 G71

固定循环 G81 指令只能够加工一段圆柱或圆锥，当零件轮廓由多段直径不同的圆柱构成或者在零件轮廓既有圆柱又有圆锥面的情况下，就需要使用复合循环指令 G71 进行加工。

指令格式：

　　G71 U-R-P-Q-V-W-F-

各参数意义如图 3.23 所示，图中 $A \rightarrow B \rightarrow C \rightarrow D$ 为精加工路径轨迹。

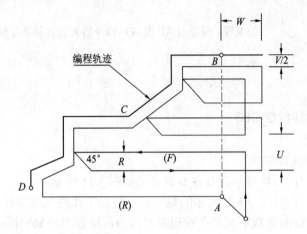

图 3.23　G71 指令参数及意义

在指令 G71 中，参数 U 后面的数字表示每一次循环的进刀深度，该数字取正值，方向由图 3.23 中 AB 矢量方向决定；R 后面跟的数字表示每一次循环切削完成后的退刀量。参数 P、Q 后面跟的数字表示精加工程序段的起始、终止段号包含本段；V 后面跟着的数字表示 X 方向的精加工余量，W 后面跟着的数字表示 Z 方向的精加工余量。

P、Q 程序段号之间的精加工程序必须为 2 段或以上；进给量 F 后面跟的数字表示粗加工使用的进给量；精加工进给量在精加工程序段中指定。

$A \rightarrow B$ 必须由 G00 完成，且不能有 Z 方向移动量，$B \rightarrow C \rightarrow D$ 内不能够包含 G00 指令。

$B \rightarrow C \rightarrow D$ 段的 X 方向移动总量，必须与 $A \rightarrow B$ 段 X 方向移动量相等。

【项目 3-9】　根据毛坯 $\phi 65 \times 50$ 编写图 3.24 中所示的零件轮廓加工程序。

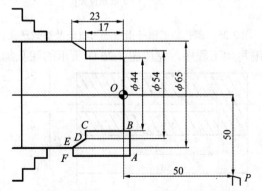

图 3.24　复合循环指令应用

M03 S500

G00 X150 Z150

```
T01
G00 X70 Z2
G71 U4 R1 P40 Q80 V0.5 W0.3 F50        粗加工进给量 50
N0040 G00 X44              精加工程序起始段
G01 Z-17 F10              精加工进给量 10
X54
X65 Z-23
N0080 X70                结束段；保证与 AB 段 G00 指令的 X 方向移动量相等
G00 X110
    Z150
M30
```

3. 深孔加工循环指令 G83

指令格式：

　　G83　Z-I-D-J-K-(Q)-R-F-

该指令运行时的进刀轨迹示意及各参数意义如图 3.25 所示。

由图 3.25 可以看出，Z、I 后面跟的数字表示被加工孔的孔顶和孔底坐标(当采用增量坐标 W 表示时，W 后面的数字表示孔顶相对刀具当前位置的增量坐标；I 后面的数字表示孔底相对孔顶的增量坐标)；D 后面跟的数字表示第一刀切削深度，可以省略；J 后面跟的数字表示每次循环的进给深度，如果 D 参数没有省略，则应该有 $D > J$(首次进给没有切屑产生)；K 后面跟的数字表示每次退刀排出切屑后，再次进给并由快进转为加工进给时，距离上次加工面的距离；Q 后面跟的数字表示排出切屑的延时时间，单位为 s，省略该数字时默认排出切屑的延时时间为 0.1 s；R 后面的数字表示切削到孔底时的延时时间。

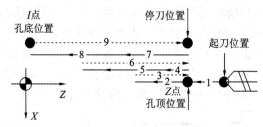

图 3.25　深孔加工循环指令进刀轨迹及参数意义

【项目 3-10】 请编写加工程序，完成图 3.26 中所示的深孔加工。

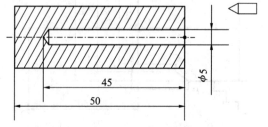

图 3.26　深孔加工指令应用例图

```
M03 S500
G00 X150 Z150
```

T01　　　　　　钻削刀具

G00 X0 Z5

G83 Z0 I-45 J5 K2 Q0.3 R1.2 F20 或者 G83 W-5 I-45 J5 K2 Q0.3 R1.2 F20

G00 Z150

　　　　X150

M30

3.4　上机加工操作

上机操作即在数控车床上完成零件加工的过程。操作者需要通过数控系统提供的程序管理功能将程序编写录入机床，然后选择合适的棒料毛坯、刀具与测量工具游标卡尺等，并合理使用安装工具将毛坯与刀具安装夹紧牢靠。完成对刀操作后，就可以进行自动加工了。

特别注意：初学者应在整个上机过程中，保持注意力的高度集中，时刻观察机床状态与运动，学习领会操作要领，并按照所教内容随时处理可能出现的问题或突发状况！

3.4.1　程序管理

程序管理功能包括指将新加工程序录入数控机床，在需要的时候将系统中已有程序调出进行编辑，或者将不再需要的程序删除等功能。

在华兴数控系统中，程序管理功能具有独立的操作界面，按下机床面板上主功能键"程序"，即可进入程序管理界面，如图 3.27 所示。在该界面上，操作者可以完成新程序输入，对已有程序编辑修改、查看、删除，以及对程序读写属性设置进行修改等。

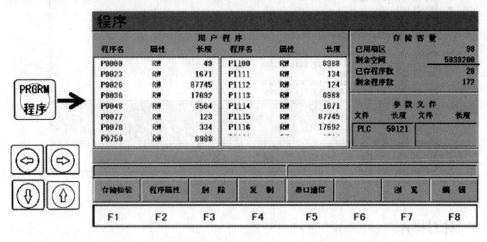

图 3.27　程序管理操作界面及进入该界面的主功能键

1. 已有程序的管理

在图 3.27 所示界面上，会显示已有程序列表窗口及下方的功能操作区，可以利用界面中的 4 个箭头键对已有程序列表窗口中的程序进行切换选择等操作，被选中的程序会以高亮度显示。

当需要查看某个已有程序时，按下功能键 F7 后，按照界面提示输入相应的程序名即可

调出该程序，但在此状态下只能对该程序进行查看；当需要编辑修改程序时，按下功能键
F8 即可切换至修改状态。

当需要对某个已有程序进行编辑修改时，按下功能键 F8，根据界面提示输入相应程序
名，回车后就进入程序编辑修改窗口。

如果要删除某个不再需要的程序，按下功能键 F3，根据界面提示输入要删除的程序名，
回车确认后，相应的程序即被从已有程序列表中删除。

按下功能键 F2，可以设置修改程序的读写状态属性，借助该功能，可以将重要的程序
设置为只读状态，以防止该程序被修改或删除。

2. 程序的编辑修改

按下程序管理界面上的功能键 F2"编辑"，系统会提示用户输入程序名，如果输入的
程序名为已有程序，回车确认后，系统会调出相应程序并切换至程序编辑修改界面，供用
户进行编辑修改操作；如果输入的程序名不存在，系统仍然会切换至程序编辑修改界面，
供用户录入新程序。

在程序编辑修改界面上，系统为用户提供了删除、前删和删行的操作功能，如图 3.28
所示。使用"删除"功能时，系统会删除位于光标下的当前字符；使用"前删"功能时，
系统会清除光标位置前面的字符；按下"删行"功能键时，系统会删除光标所在的当前行
整行。"行首""行尾""程序首"和"程序尾"的功能用以快速将光标移动至指定位置并进
行输入与修改，使用该功能可以提高操作效率。

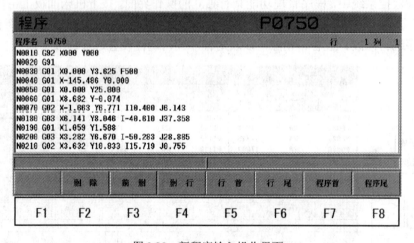

图 3.28　新程序输入操作界面

3.4.2　对刀操作

在进行数控加工时，对刀操作即建立工件坐标系，并将工件坐标系的具体位置告诉数
控系统。同样，进行数控车削加工时，必须首先确定零件的加工原点，以建立正确的加工
坐标系，同时可以通过对刀来消除不同刀具的尺寸差异对加工的影响。

理论上，可以选择任意位置作为工件坐标系的原点，但为了方便计算及提高加工精度，
应尽可能将工件坐标系的原点设置在零件的设计基准或工艺基准上。最常用的是将 X 轴方
向的零点选择在工件回转轴心线上，将 Z 轴方向的零点选择在工件远离卡盘一侧的端面上。

对刀方式有借助仪器实现的自动对刀法及采用试切实现的手动对刀法。

1. 自动对刀法

自动对刀法是通过刀尖检测系统实现的。对刀时，刀尖以设定的速度向接触式传感器靠近，当刀尖与传感器接触时，系统发出信号并立即记下该瞬间的坐标值，然后利用该坐标值自动修正刀具补偿值，实现自动对刀，如图 3.29 所示。

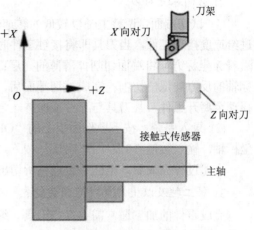

图 3.29　自动对刀法

2. 手动试切对刀法

手动试切对刀方式即通过手动分别完成一段外圆面与端面的切削后，将关于 X 坐标轴与 Z 坐标轴的相应数值录入系统，从而实现将工件坐标系的具体零点位置告诉数控系统。下面以华兴系统为例，详细说明对刀过程，其他的数控系统会有所区别，但其基本原理是一致的，弄通一种，可以举一反三。

按下"POS 位置"按钮进入图 3.30 所示界面。

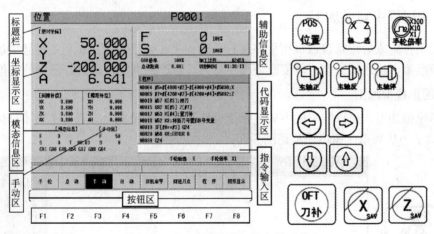

图 3.30　华兴系统试切对刀操作界面

1) X 向零点对刀

(1) 试切一段外圆面。调整主轴以较低的转速(为了安全)旋转，用手轮方式操控刀具以较高的进给速度接近工件，当刀具即将接触工件时，调低进给速度；固定 X 坐标不变，操控手轮沿着 Z 坐标方向切削掉薄薄的一层，得到一段外圆面；当外圆面的长度足够方便游标卡尺测量时，操控手轮将刀具沿着 Z 坐标轴的反方向退出切削；在刀具与工件脱离接触后，调高进给速度，将刀具移动至不影响测量所切出的外圆面直径的位置。思考：退出切削时刀具可以沿着 X 坐标轴方向移动吗？

(2) 测量并录入系统。用游标卡尺测量切削出的外圆面直径后，按下操作面板上的"OFT刀补"按钮进入对刀记录界面，选择指定 X 坐标轴，输入游标卡尺测量得到的直径值，回车确认。按下"POS 位置"按钮退出对刀记录界面。思考：录入系统的数值与刀具的位置是什么关系(上一个思考题你有答案了吗)?

2) Z 向零点对刀

(1) 试切端面。调整主轴以较低的转速(为了安全)旋转，用手轮方式操控刀具以较高的进给速度接近工件，当刀具即将接触工件时，调低进给速度；固定 Z 坐标不变，操控手轮沿着 X 坐标方向将端面切削掉薄薄的一层；当端面完全切出后，操控手轮将刀具沿着 X 坐标轴的反方向退出切削；完成试切端面后，刀具与工件脱离接触，调高进给速度，将刀具移动至离开工件，且刀具与工件须保持一定的距离。

(2) 录入系统。按下操作面板上的"OFT 刀补"按钮进入对刀记录界面，选择指定 Z 坐标轴，输入数值"0"，回车确认。按下"POS 位置"按钮退出对刀记录界面。

上述过程完成后，坐标系原点在所切出端面圆心的工件坐标系就设置好了。

3) 第二把及以上刀具对刀的关键点

完成零件的加工通常需要多把刀具。编制加工程序时，默认所有刀具的工件坐标系原点是一致的，第二把刀具开始，必须保证第二把刀具对刀后的坐标系原点与第一把刀的坐标系原点一致。

开始第二把刀具的对刀具体操作时，X 方向对刀操作方式不变，Z 方向对刀时，只能够让刀具接触工件端面，但不能够切除材料。

3.4.3 调用程序完成加工

上述工作完成后，则可以调用程序进行自动加工。为了防止由于粗心导致的编程错误或对刀不准确，正式加工前，需要验证程序与刀具轨迹的准确性，进行图形的模拟加工。

1. 图形模拟加工

图形模拟加工，是以图形的方式显示走刀路径及加工轮廓，刀具与工件不产生移动。图 3.31 所示为华兴系统图形模拟切削界面。

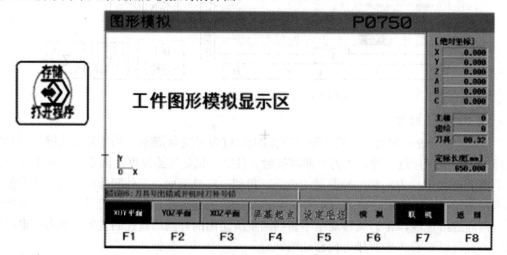

图 3.31 华兴系统图形模拟加工显示操作界面

1) 进入界面

按下图 3.30 界面中的"自动(F4)"键；按下操作面板上的"存储/打开程序"按钮，输入要模拟的加工程序名并回车确认；按下图 3.30 界面中的"图形显示(F8)"键，即可进入图 3.31 所示图形模拟加工界面。

2) 模拟加工设置

按下图 3.31 所示界面上的"屏幕起点(F4)"键，设定起刀点。在图形显示区右下方有一个竖线，竖线上端代表刀具刀尖，用户可以通过方向键【←】、【→】、【↑】、【↓】移动竖线的位置。

按下"设定毛坯(F5)"键，分别输入毛坯的长度 L、外径 D 和内径 d 数值，确定毛坯的大小。输入完成后，按下"循环启动"键，即可模拟显示加工过程。如果发现模拟图形有问题，可回到程序管理界面，对程序进行相应修改。

3) 选择模拟加工方式

按图 3.31 中的"模拟(F6)"键，则指进行图形模拟而不进行实际加工；按下"联机(F7)"键，则既显示图形模拟加工界面，又进行切削加工。

2. 自动加工

图 3.30 中的"自动(F4)"键和操作面板中的"存储/打开程序"按钮，选择所使用的加工程序并回车确认，然后按下"加工启动"键，程序即可自动运行。

为了防止程序有误，大多数控系统提供了程序单段运行功能。如在华兴系统自动加工界面上，按下"单段执行(F5)"键可以实现在单段与连续执行之间的切换。在单段执行模式下，用户需要反复按下"循环启动"按钮以每次执行一段程序。需要注意的是，遇到循环加工指令段时，需要按下"循环启动"按钮多次，刀具才能产生相应的运动。

3.5 手工编程加工综合应用

完成手工编程加工，需要经过依据零件形状特点编写加工程序，将程序录入机床的数控系统，合理选择毛坯与刀具并装取装夹、对刀及调用程序完成加工等一系列步骤。

【项目 3-11】 请按照图 3.32 中所示的零件、工件坐标系原点与刀具位置要求，以 $\phi 48 \times 100$ 的毛坯，使用 1 号外圆车刀、3 号切断刀(刃宽 3 mm)，假定进给速度为 20 μm/r，完成其加工。

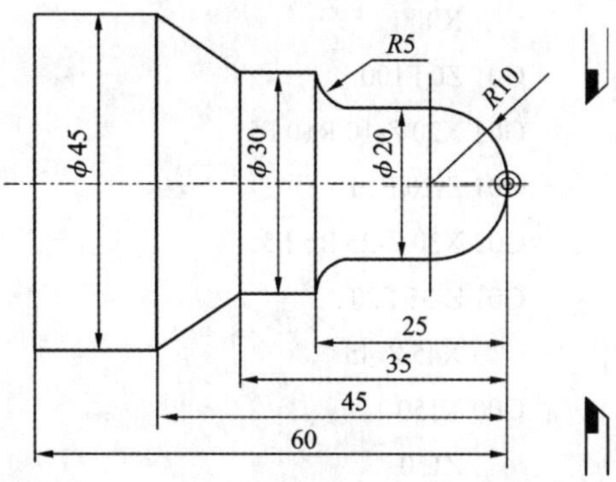

图 3.32 手工编程加工零件示意图

3.5.1 编制加工程序

进行手工编程时，需要编程者发挥一定的空间想象能力。编程者需要在脑海中构思出刀具行进轨迹并写出代码，该过程具有一定的挑战性，极容易出现轨迹错误，切削层过厚等情况，致使刀具崩刃以及进刀路线与工件之间产生干涉导致撞刀现象等。

1. 编程口诀

为避免上述问题的发生，建议初学者在编程过程中将以下几个问题作为口诀，通过不断重复默念的方式来规划走刀路线：

(1) 刀具当前位置在哪里？

(2) 下一步刀具应该去哪里？

(3) 刀具以什么方式移动的(是加工切削还是快速移动)？

(4) 快速移动的刀具运动路线上是否有干涉？加工中的刀具切削厚度是否合理？

2．应用固定循环的加工程序

以固定循环指令作为切除大量材料的粗加工过程，再完成整个轮廓加工，然后以切断刀切断零件最终完成加工的程序如下：

```
M03 S500
G00 X150 Z150
T01
      X45 Z3                              G00 为模态指令，可省略；(Z)3 为预留的安全距离
G01 Z-60 F20
G00 X50
      Z0
      X46
G81 X30 Z-35 R30 I-2 K-0.5 F20           固定循环车出 φ30 外圆；完成后回到起始点
G00 X31
G81 X20 Z-20 R20 I-2 K-0.5 F20           车出 φ20 外圆
G00 X46
      Z-35
G81 X45 Z-45 R30 I-2 K-0.5 F20           车锥
G00 Z3
      X0
G01 Z0 F100                              空行程
G03 X20 Z-10 R10 F5                      非平稳圆弧切削过程，速度取小点
G01 Z-20 F20
G02 X30 Z-25 R5 F5
G01 Z-35 F20
      X45 Z-45
G00 X150
      Z150
T03                                      换切断刀
G00 X50
      Z-63                               刀刃宽 3
G01 X-0.5 F5                             非平稳切削
G00 X150                                 刀具安装位置不当，会有藕断丝连现象，工件没有掉落
      Z150
M30
```

上述程序主要展示总体走刀路线规划思路与指令综合应用，个别工艺参数在处理上不完全严谨，比如教学时切削速度的选择应以安全为首要目标，故上述程序中切削速度设置得偏低。在实际加工应用时，工艺参数须查询参考金属切削手册确定。

3．应用复合循环的加工程序

以复合循环指令完成整个轮廓加工，然后以切断刀切断零件最终完成加工的程序如下：

```
M03 S500
G00 X150 Z150
T01
    X50 Z3                G00 为模态指令，可省略；(Z)3 为预留的安全距离
G71 U4 R1 P60 Q150 V0.5 W0.3 F20
N0060 G00 X0              行号对应 P 后参数
G01 Z0 F100              空行程
G03 X20 Z-10 R10 F5      非平稳圆弧切削过程，速度取小点
G01 Z-20 F20
G02 X30 Z-25 R5 F5
G01 Z-35 F20
    X45 Z-45
    Z-60
N0150 X50
G00 X150
    Z150
T03                      换切断刀
G00 X50
    Z-63                 刀刃宽 3
G01 X-0.5 F5             非平稳切削
G00 X150                 刀具安装位置不当，会有藕断丝连现象，工件没有掉落
    Z150
M30
```

应用复合循环指令时，程序段数更少。在学习过程中，尤其是学习手工编程时，所能够得到的体会与锻炼也相应打了折扣。

3.5.2 上机加工

1．刀具及毛坯的安装

由于需要加工的零件形状简单，使用桃形刀片外圆机夹车刀或者教学时自行刃磨的普通外圆车刀即可满足加工要求，切断刀选择刃宽 3 mm 的刀具。

用专用扳手将选择好的刀具牢靠地安装在刀架上，具体可以参考本模块前面部分的内容。同样，工件的装夹参考本模块前面部分的内容，安装后毛坯伸出三爪卡盘的长度不低于 65 mm。

2．程序录入机床

参考本模块前面程序管理部分的内容，将编制好的程序录入机床。实际操作时，推荐根据零件图纸，借助编程口诀，直接将程序编写进机床。不提倡将纸面上写好的代码以抄录的方式录入，否则将使操作者对手工编程的理解与掌握大打折扣。

3．对刀操作

对刀操作即以手动试切方式进行对刀，并将工件右端面圆心设置为工件坐标系原点。第二把刀在 Z 方向零点对刀时，仅仅轻微碰触一下右端面即可。

4．调用程序完成加工

所有准备工作完成后，再次检查工作环境安全可靠，须确认没有干涉、人员站位不当等隐患存在。确认安全后，进入自动加工界面，打开加工程序，按下循环启动，开始加工。

机床切削过程中，操作人员应保持注意力高度集中，尤其在刀具首次由换刀位置向起刀点快速移动时，操作者必须确认对刀结果准确，防止对刀操作错误导致撞刀的情况发生。一旦发现问题，应迅速按下急停按钮或者重置(Reset)按钮，终止加工。

模块 4 数控铣削与自动编程技术

本模块首先介绍了数控铣削与自动编程技术,内容包括 CAXA 数控加工的几个术语,加工中通用参数的定义与选择,CAXA 常用加工方法、后置处理和 DNC 通信;其次,本模块介绍了数控铣加工编程,包括关于坐标系的指令和关于刀具补偿的指令;再次,本模块介绍了自动编程实例,包括象棋加工和碟刹支架模具加工;最后,本模块介绍了数控铣床的坐标系规定、对刀操作、程序传输和自动加工。

4.1 引 言

请思考:如图 4.1 所示的象棋中的"象"字如何在数控铣床中加工?

显然,利用手工编程完成文字的加工相当困难,对于类似图 4.1 所示的具有轮廓复杂,甚至具有复杂曲面的零件,采用手工编程不仅将产生大量烦琐的数值计算,而且极易出错。而自动编程则能够根据零件图形特点,由用户与系统交互完成工艺规划,并自动产生编程代码,可以很好地实现复杂轮廓类零件加工。

本书选择成海 VMC640 数控铣床为加工工具,选择 CAXA 制造工程师 2015 为自动编程支持软件,详细讲解具有复杂形状轮廓零件的铣削加工过程。根据所选择的工具及软件,完成图 4.1 中零件的加工需要程序自动编制,程序自动传输至机床,然后通过对刀和加工等铣床操作步骤来完成。下面就对这些步骤进行详细讲解。

图 4.1 准备加工的简单零件

4.2 自动编程介绍

4.2.1 关于 CAXA 数控加工的几个术语

1. 三维模型和加工模型

三维模型是指在系统中构建的由点、线、面和实体组成的总和,包括可见的和隐藏的几何体。在造型时,模型中的面是连续的。例如,球面就是一个理想的光滑曲面,但是在实际加工中无法加工出理想连续曲面的。系统会自动地按照给定的精度条件，将连续曲面离散成边界相连的一组三角面片，我们称这种由三角面片组成的模型为加工模型。如果精度足够小，三维模型和加工模型之间的误差就可以忽略。

2. 毛坯

毛坯是指在编制加工程序时，给加工模型所定义的未加工材料。若不定义毛坯，则加工轨迹无法生成。双击轨迹管理中"毛坯"选项，即弹出毛坯定义对话框，如图 4.2 所示。

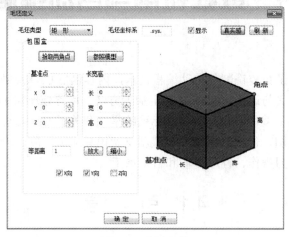

图 4.2　毛坯定义

在 CAXA 制造工程师 2015 中，毛坯的可定义类型有四种：矩形、圆柱形、三角片和柱面。

采用哪种类型的毛坯要根据所加工零件的特点来确定。最常用的毛坯类型是矩形。矩形毛坯的尺寸由三种方式来确定：拾取两角点、参照模型和输入长宽高。

3. 起始点

双击轨迹管理中"起始点"选项，即弹出起始点设置对话框，如图 4.3 所示。

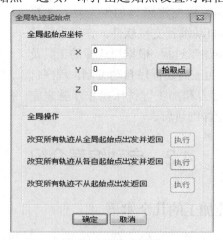

图 4.3　起始点设置

计算轨迹时，缺省地以全局轨迹起始点作为刀具起点和退刀终点。计算完毕后，该轨迹的刀具起始点可以修改。在设置全局轨迹起始点时，全局操作项被锁定不可使用。

4. 刀具库

刀具库用以定义、确定刀具的有关数据，其优点是便于用户从刀具库中调用刀具和对刀具库进行维护。

双击轨迹管理中“刀具库”选项，即弹出刀具库设置对话框，如图 4.4 所示。在该对话框中可以对刀具的各项参数进行设置或修改。

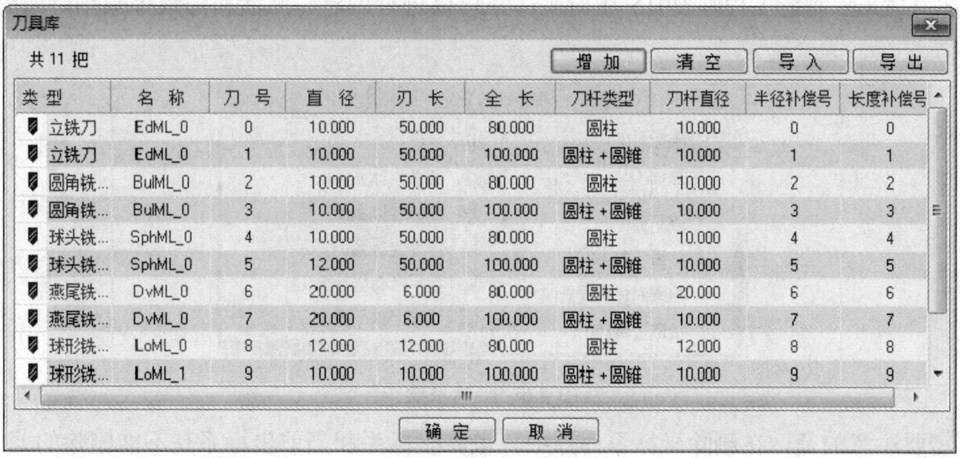

刀具库
共 11 把
增 加
清 空
导 入
导 出
类 型 | 名 称 | 刀 号 | 直 径 | 刃 长 | 全 长 | 刀杆类型 | 刀杆直径 | 半径补偿号 | 长度补偿号
立铣刀 | EdML_0 | 0 | 10.000 | 50.000 | 80.000 | 圆柱 | 10.000 | 0 | 0
立铣刀 | EdML_0 | 1 | 10.000 | 50.000 | 100.000 | 圆柱＋圆锥 | 10.000 | 1 | 1
圆角铣... | BulML_0 | 2 | 10.000 | 50.000 | 80.000 | 圆柱 | 10.000 | 2 | 2
圆角铣... | BulML_0 | 3 | 10.000 | 50.000 | 100.000 | 圆柱＋圆锥 | 10.000 | 3 | 3
球头铣... | SphML_0 | 4 | 10.000 | 50.000 | 80.000 | 圆柱 | 10.000 | 4 | 4
球头铣... | SphML_0 | 5 | 12.000 | 50.000 | 100.000 | 圆柱＋圆锥 | 10.000 | 5 | 5
燕尾铣... | DvML_0 | 6 | 20.000 | 6.000 | 80.000 | 圆柱 | 20.000 | 6 | 6
燕尾铣... | DvML_0 | 7 | 20.000 | 6.000 | 100.000 | 圆柱＋圆锥 | 10.000 | 7 | 7
球形铣... | LoML_0 | 8 | 12.000 | 12.000 | 80.000 | 圆柱 | 12.000 | 8 | 8
球形铣... | LoML_1 | 9 | 10.000 | 10.000 | 100.000 | 圆柱＋圆锥 | 10.000 | 9 | 9
确 定
取 消

图 4.4　刀具库设置

CAXA 制造工程师 2015 提供包括立铣刀在内的合计 12 种刀具类型。点击图 4.4 中的增加按钮，即弹出如图 4.5 所示的刀具定义对话框。

刀具定义
刀具类型
立铣刀
刀具名称
EdML_0
刀杆类型
圆柱
立铣刀
速度
立铣刀
圆角铣刀
球头铣刀
燕尾铣刀
球形铣刀
倒角铣刀
鼓形铣刀
凸底铣刀
锥形铣刀
雕刻铣刀
槽铣刀
钻头
刀柄定义
刀头定义
刀具号(T)
0
DH同值
半径补偿号(D)
0
长度补偿号(H)
0
直径
10
80
刀杆长
50
刃长
确 定
取 消

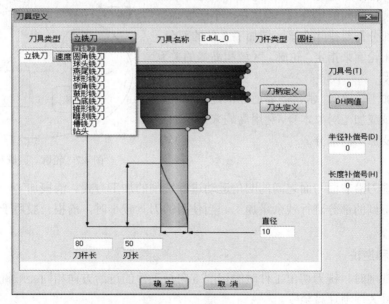

图 4.5　刀具定义

在对话框中可以设置要增加或要修改的刀具的各项参数。

5. 坐标系

软件的缺省坐标系为世界坐标系(原始坐标系)。在 CAXA 软件中，系统允许用户同时存在多个坐标系，其中，正在使用的坐标系叫作"当前坐标系"，其坐标架为红色，其他坐标架为白色。

在机床编程中使用的是工作坐标系。在软件编程中，输出机床代码时使用的是当前坐标系。

在编程时，恰当地设定坐标系，可以起到简化刀具轨迹、缩短加工时间的效用。

在 CAXA 制造工程师 2015 中对坐标系可以进行创建、激活和隐藏等操作，如图 4.6 所示。

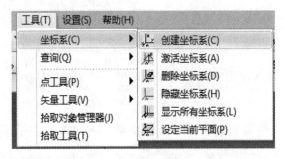

图 4.6　坐标系操作

需要注意的是，在删除坐标系命令中，世界坐标系和当前坐标系是不能删除的。

6. 轮廓、区域和岛屿

轮廓是模型中一系列首尾相连的开放或封闭曲线集。轮廓不能有自相交点。区域是封闭的轮廓指定的待加工的某一空间的集合。岛屿是在一个区域中有一部分或几部分需要排除在该区域加工之外的部分。岛屿也由封闭轮廓来指定。轮廓、区域和岛屿的关系如图 4.7 所示。

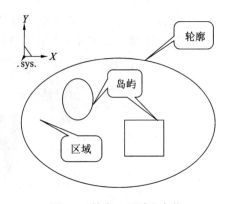

在生成加工轨迹时，常常需要通过指定轮廓以指示加工的区域或加工对象本身，利用岛屿来指示加工区域中不需要加工的部分。

图 4.7　轮廓、区域和岛屿

7. 清根

清根是铣刀沿着面与面之间的凹角运动进行铣削的加工方式。清根加工一般用于对大刀具无法加工到的部分进行残余量加工。当使用的刀具较小时，清根一般用于工件的末加工工序。

8. 顺铣和逆铣

顺铣：铣削时，铣刀切出工件时的切削方向与工件的进给方向相同。顺铣时，刀齿的切削厚度从最大逐渐递减至零。

逆铣：铣刀切入工件时，切削方向与工件的进给方向相反。逆铣时，刀齿的切削厚度从零逐渐增大。

顺铣与逆铣图示如图 4.8 所示。CAXA 制造工程师 2015 中，顺铣与逆铣表示如图 4.9 所示。

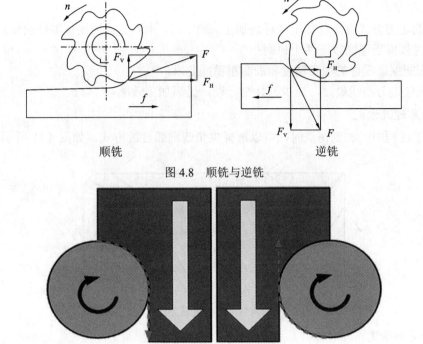

图 4.8　顺铣与逆铣

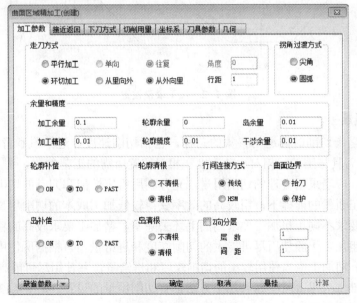

图 4.9　CAXA 中的顺铣与逆铣表示

4.2.2　加工中通用参数的定义与选择

在加工时，需要对加工参数、接近/返回方式等进行定义和设定，下面进行说明。

1．加工参数的设定

在每一种加工方法中，都需要进行加工参数的设定，如图 4.10 所示。

图 4.10　走刀方式设置

1) 走刀方式

典型的走刀方式有平行加工或环切加工。加工时，走刀方式要根据零件的特点来选择。在选择的时候应当遵循以下两个原则：

(1) 应能保证零件的加工精度和表面粗糙度要求。

(2) 应使走刀路线最短，减少刀具空行程，提高加工效率。

2) 拐角过渡方式

在加工过程中，遇到拐点时，可以选择尖角或圆弧过渡方式，如图 4.11 所示。

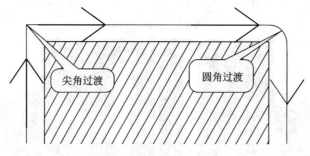

图 4.11   拐角过渡方式

3) 余量和精度

加工精度越大，模型形状的误差也越大，模型表面越粗糙。加工精度越小，模型形状的误差也越小，模型表面越光滑。但是，随着轨迹段的数目增多，轨迹数据量也会变大。因此要根据零件的设计和工艺要求来确定合适的加工精度。

在 CAXA 中，加工余量是指加工区域中加工后的毛坯材料的残余量。加工余量可以使用负值，如图 4.12 所示。

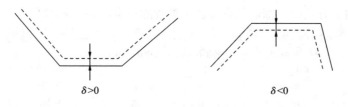

图 4.12   加工余量设置

2. 切削用量

切削用量是指切削时各运动参数的总称，包括切削速度、进给量和背吃刀量(切削深度)。它是调整刀具与工件间相对运动速度和相对位置所需的工艺参数。

在编程时，应当采用合理的切削用量，充分利用机床性能和刀具的切削性能。同时，需要在保证加工质量的前提下，用较高的效率获得较低加工成本的切削用量。不同的加工阶段对切削的要求不同。粗加工要求高的毛坯去除率，精加工要求较高的精度或表面加工质量。因此，粗加工一般使用尽可能大的切削深度和进给量，再根据所使用的刀具确定合适的切削速度。精加工应当使用较小的切削深度和进给量，并使用尽可能高的切削速度。

在 CAXA 制造工程师中，每种加工方法都有切削用量的设置。如图 4.13 所示为平面区域粗加工的切削用量设置。

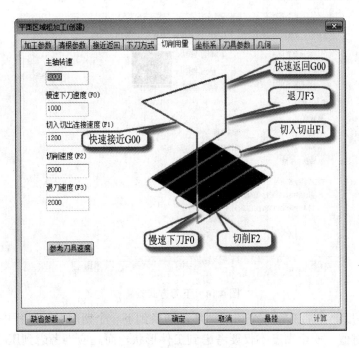

图 4.13　切削用量设置

(1) 主轴转速：铣床主轴旋转的角速度。

(2) 慢速下刀速度(F0)：从慢速下刀高度到切入工件前刀具的移动速度。

(3) 切入切出连接速度(F1)：在往复切削、顺铣和逆铣变换时，对工件和刀具(机床)都有较大冲击，因此需要在两者间进行过渡。该速度一般应当小于切削速度。

(4) 切削速度(F2)：切削时刀具的移动速度。

(5) 退刀速度(F3)：切削完成刀具回到设定的安全高度时刀具的移动速度。

3. 连接参数

1) 连接方式

(1) 接近/返回：从设定的高度接近工件和从工件返回到设定高度。可以选择从安全点、慢速移动距离、快速移动距离来接近。

(2) 行间连接：每行轨迹间的连接。

(3) 层间连接：每层轨迹间的连接。

(4) 区域间连接：两个区域间的轨迹连接。

(5) 间隙连接：加工的刀具轨迹在间隙处的连接。

以上连接方式有直接连接、光滑连接、沿曲面连接、抬刀到安全距离连接、抬刀到慢速移动距离连接、抬刀到快速移动距离连接。连接方式的选择指的是抬刀连接方式的选择。选中"加下刀"选项，则按照下刀方式进行连接。通常使用直接连接以节约加工时间，在进行直接连接时应当进行干涉检查。

2) 下刀方式

在下刀方式界面可以设置安全高度、慢速下刀距离、退刀距离、切入方式等，如图 4.14所示。

图 4.14　下刀方式设置

(1) 安全高度：在加工完一个切削循环，切换到下一个切削循环过程中刀具抬起的高度，一般取绝对值。安全高度不仅要考虑到工件形状，而且应当考虑到压(夹)紧装置的避让高度。安全高度不宜设置得过高，以提高加工效率，一般高出 3～5 mm 为佳。

(2) 慢速下刀距离：刀具在切入或切削前，以慢速移动速度开始移动的高度。设定慢速下刀距离主要是为了提高效率。通常，慢速下刀距离应当大于分层高度，以避免扎刀现象。

(3) 退刀距离：在切出或切削结束后的一段刀位轨迹的位置长度，这段轨迹应在退刀速度垂直向上进给。

3) 下/抬刀方式

下/抬刀方式主要用来设置刀具接近或离开工件的路径形式。常用的下/抬刀方式有垂直、螺旋、渐切和倾斜等，这几种方式几乎适用于所有的铣削加工策略。不同的加工方法，下/抬刀方式设置也有所不同，一般可以根据经验选择。

若使用立铣刀加工内轮廓，由于刀具中心没有切削功能，采用垂直下刀方式容易崩刀。这时，应当采用螺旋或渐切等下刀方式。若使用的是键槽铣刀，因为刀具中心也具有切削功能，因此可以采用垂直下刀方式。

采用螺旋或渐切下刀方式时，材料半径不能过小，应使刀尖先接触材料。同时下刀也不宜过快，以免崩坏刀尖。

4．区域参数

区域参数指用以控制加工范围的参数，分为 X、Y 方向和 Z 方向。

1) 加工边界

加工边界用于限定在 XY 面内的加工范围。在选取边界时，刀具中心与边界的位置关系可以分为以下三种：重合、内侧和外侧。选取不同的位置关系，生成的刀具轨迹是不相同的。具体区别如图 4.15 所示。

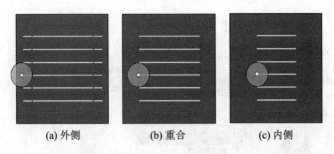

(a) 外侧   (b) 重合   (c) 内侧

图 4.15 刀具中心与边界位置关系

2) 工件边界

选取刀具中心与边界的位置关系后,应以工件本身为边界。轮廓的定义如图 4.16 所示。

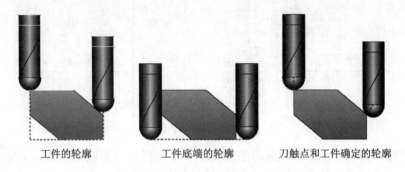

工件的轮廓   工件底端的轮廓   刀触点和工件确定的轮廓

图 4.16 工件轮廓定义

(1) 工件的轮廓:刀心位于工件轮廓上。

(2) 工件底端的轮廓:刀尖位于工件底端轮廓。

(3) 刀触点和工件确定的轮廓:刀接触点位于轮廓上。

3) 高度范围

高度范围用于确定刀具轨迹在 Z 方向的范围。当选定"自动设定"时,以给定毛坯高度自动设定 Z 的范围。当选择"用户设定"时,用户自定义 Z 的起始高度和终止高度。若设定的起始高度和终止高度值相同时,则 CAXA 只在该高度生成刀具轨迹。

4) 补加工

补加工选项用于在自动计算前,对一把刀加工后的剩余量进行补加工。因此需要填写前一把刀的参数,以及前一加工工序的加工余量。

5. 干涉检查

干涉是指在加工时,由于需要加工的区域比较狭小或深度过大,造成刀具的某一部分同未加工面接触或碰撞,对工件、刀具、机床造成损坏,这时需要进行干涉检查。选中"使用"项后,就可以对干涉检查参数进行设置。干涉检查参数选择如图 4.17 所示。

刀具检查部位分为四个部分。通常选择刀柄、刀头进行干涉检查。

干涉的处理策略有多种方式,可以根据需要选择。若选择退刀,则退刀方向有沿刀轴线等 16 种方式,一般选择沿刀轴线方向。

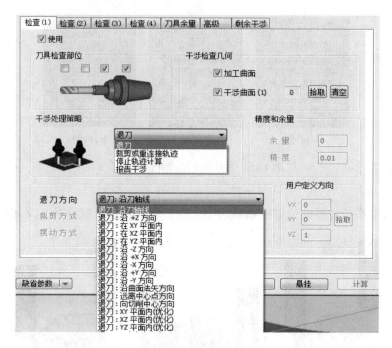

图 4.17　干涉检查设置

在加工时，刀具、工件和机床可能会发生较小的抖动。为避免刀具与工件干涉检查面靠得过近，可以设定刀具余量。刀具余量设置如图 4.18 所示。

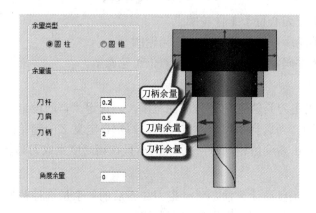

图 4.18　刀具余量设置

4.2.3　CAXA 常用加工方法

1. 平面区域粗加工

平面区域粗加工生成具有多个岛的平面区域的刀具轨迹。该功能不需要生成三维模型，只需使用平面轮廓曲线即可，支持轮廓和岛屿的分别清根设置，生成刀具轨迹速度快。

操作说明：

点击"加工"－"常用加工"－"平面区域粗加工"菜单项，弹出如图 4.19 所示的平面区域粗加工对话框。

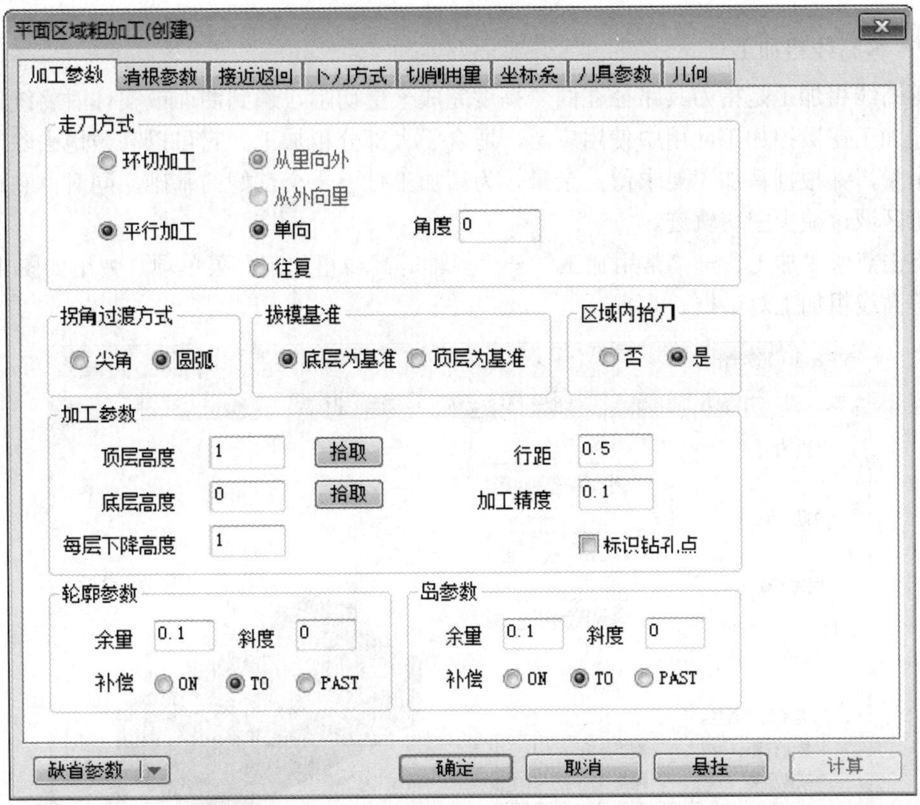

图 4.19　平面区域粗加工参数设置

对话框最下部有"确定""取消"和"悬挂"三个按钮。"确定"表示确认加工参数并开始选取几何等交互工作;"取消"表示取消当前的操作;"悬挂"表示保存当前加工参数并开始交互工作但不计算刀具轨迹,被悬挂的刀路在执行生成轨迹批处理命令时才开始计算。这样的设置可以提高编程的工作效率,将刀路计算工作放到空闲时执行。

设定好参数后,选择要加工的区域和区域中应避免加工的岛屿,即可生成刀具轨迹。如图 4.20 所示,左图为右图的二维图形采用平面区域加工生成的刀路。

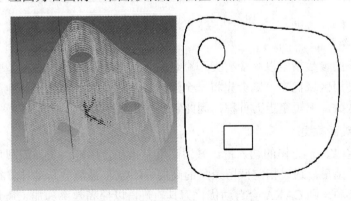

图 4.20　平面区域粗加工刀具轨迹

需要注意的是，轮廓和岛应当在同一平面内。平面区域粗加工不能对岛中的岛进行加工。

2. 等高线粗加工

等高线粗加工是指刀具路径在同一高度完成一层切削，遇到曲面或实体时将绕过。等高线粗加工在数控加工应用中使用广泛，适合于大部分粗加工。它可以高效地去除毛坯的大部余量，并根据精加工要求留出余量，为精加工打下一个良好的基础，同时，它还可指定加工区域，减少空切轨迹。

点击点取"加工"－"常用加工"－"多轴等高线粗加工"菜单项，弹出如图 4.21 所示的等高线粗加工对话框。

图 4.21　等高线粗加工参数设置

1) 优先策略

对优先策略的参数指定以减少提刀和空走刀行程为原则。比如在模型中有两个或多个较深的腔，若使用区域优先，则会先将一个深腔加工到底部，再加工其他部分，这样可以大大减少提刀次数，缩短空走刀行程，因此它的加工效率要比层优先高。

2) 行距和残留高度

行距是指定 X、Y 方向的切入量。残留高度是指在使用球头铣刀或圆角铣刀时，会出现波浪形的残留余量。通过指定残留余量的高度，CAXA 系统会自动计算行距。若选中切削轨迹自适应选项，则 CAXA 会自动优化刀具轨迹，以提高效率和加工质量。这时，无法指定残留高度项，且连接方式中组内行间连接也无法指定。

3) 层高/层数设置

通过指定每层高度或层数，自顶向下来确定每层下刀量。

添加"行切"的走刀方式，可以设定与 Y 轴夹角角度，如图 4.22 所示。

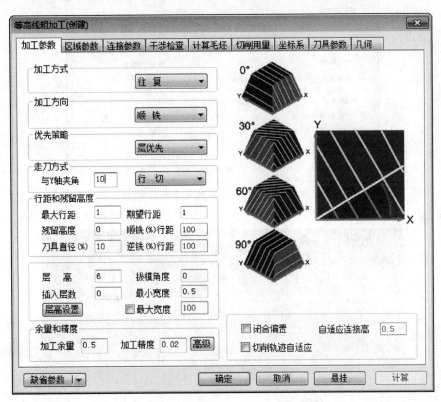

图 4.22　等高线粗加工加工参数设置

定义好各项参数后，选取需要加工的几何，即可生成刀具轨迹。如图 4.23 所示是采用等高线粗加工方法计算出的刀具轨迹。

3. 平面轮廓精加工

平面轮廓精加工属于二轴加工方式，它可以指定拔模斜度，也可以做二轴半加工。其主要用于加工封闭的和不封闭的轮廓，适合 2/2.5 轴精加工。平面轮廓精加工支持具有一定拔模斜度的轮廓轨迹生成，可以为生成的每一层轨迹定义不同的余量。其优点为生成轨迹速度较快。

点击"加工"—"常用加工"—"平面轮廓

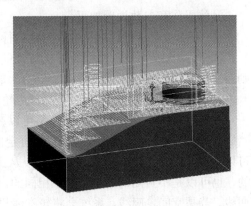

图 4.23　等高线粗加工刀具轨迹

精加工"菜单项，弹出如图 4.24 所示的平面轮廓精加工对话框，在对话框中进行参数设置。

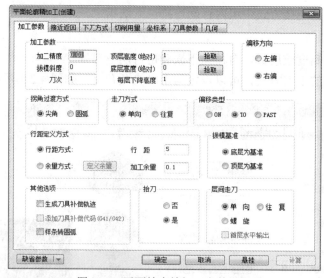

图 4.24   平面轮廓精加工参数设置

图 4.25(a)所示为轮廓线生成精加工轨迹，生成的刀具轨迹如图 4.25(b)所示。

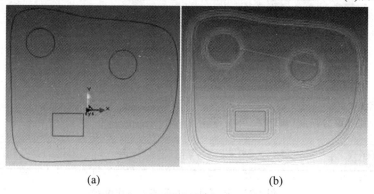

(a)   (b)

图 4.25   平面轮廓精加工刀具轨迹

具体操作和参数说明如下：

① 刀次：可以自行定义生成刀路的行数，最多可定义 10 次。

② 行距定义方式：有行距方式与余量方式两种方式可以设定行距。若采用余量方式，则需要指定每刀次加工的余量，余量的次数与刀次相同。

③ 偏移方向：根据加工的轮廓是内轮廓还是外轮廓来选择左/右偏移方向。

需要注意的是，平面轮廓精加工可以在加工时指定拔模斜度，通过指定"当前高度""底面高度"及"每层下降高度"，即可定出加工的层数。在没有创建三维模型的情况下也可以生成三维加工刀具轨迹。斜度可以从上底面开始或从下底面开始；轮廓线可以是封闭的，也可以是不封闭的；轮廓是不相同的，既可以是 *XOY* 面上的平面曲线，也可以是空间曲线。若是空间轮廓线，系统会将轮廓线投影到 *XOY* 面之后生成刀具轨迹。可以利用该功能完成分层的轮廓加工。

4. 轮廓导动精加工

导动加工就是指平面轮廓法平面内的截面线沿平面轮廓线导动生成加工轨迹，也可以理解为平面轮廓的等截面导动加工。它的本质是把三维曲面加工中能用二维方法解决的部分,用二维方法来解决。导动加工是三维曲面加工的一种特殊情况。利用二维方法解决这个问题能够充分发挥二维加工的优点。

点击 "加工"—"常用加工"—"轮廓导动精加工"菜单项,弹出如图 4.26 所示的轮廓导动精加工对话框。在对话框中进行导动加工参数设置。

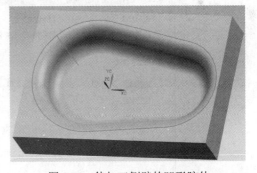

图 4.26   轮廓导动精加工参数设置

1) 加工参数

轮廓精度:拾取的轮廓是有样条时的离散精度。

截距:沿截面线上每一行刀具轨迹间的距离,按等弧长来分布。

其余参数前面已经做过介绍。对图 4.27 所示的工件采用轮廓导动精加工方法进行侧壁精加工。

设置好参数,依次选择图 4.28(a)轮廓线和截面线,点击确定后生成如图 4.28(b)所示的刀具轨迹。

图 4.27   待加工侧壁的凹形腔体

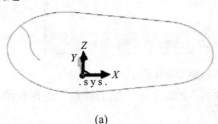

(a)

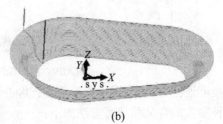

(b)

图 4.28   轮廓导动精加工刀具轨迹

2) 导动加工的特点

(1) 做造型时，只作平面轮廓线和截面线，不用作曲面，简化了造型。

(2) 做加工轨迹时，因为它的每层轨迹都用二维的方法来处理，所以拐角处如果是圆弧，那么它生成的 G 代码就是 G02 或 G03。导动加工充分利用了机床的圆弧插补功能，因此它生成的代码最短，加工效果最好。

(3) 能够自动消除加工中的刀具干涉现象。无论是自身干涉还是面干涉，都可以被自动消除，因为它的每一层轨迹都是按二维平面轮廓加工来处理的。在进行平面轮廓加工时，即使内拐角为尖角或内拐角半径 R 小于刀具半径，也不会产生过切的情况。

(4) 加工效果好。导动加工使用了圆弧插补，而且刀具轨迹沿截面线按等弧长均匀分布，因此可以达到很好的加工效果。

(5) 适用于常用的三种刀具：端刀、R 刀和球刀。

(6) 截面线由多段曲线组合，可以分段来加工。在有些零件的加工中，轮廓在局部会有所不同，但截面仍然是一样的，可以充分利用这一特点，简化编程。

(7) 可以根据需要任意选择沿截面线由下往上或由上往下加工。当截面的深度不是很深(不超过刀刃长度)时，可以采用由下往上走刀，避免扎刀的麻烦。

5．曲面轮廓精加工

曲面轮廓精加工是生成一组沿轮廓线加工曲面的刀具轨迹的加工方法。

点击"加工"－"常用加工"－"曲面轮廓精加工"菜单项，弹出如图 4.29 所示的曲面轮廓精加工对话框。

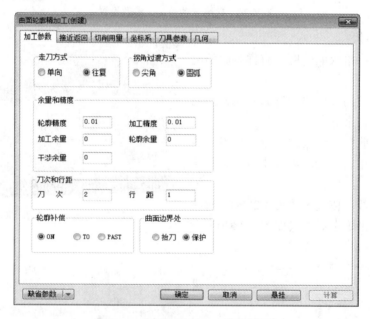

图 4.29   曲面轮廓精加工参数设置

"接近返回""切削用量"等前面已经介绍，下面仅对"加工参数"进行介绍。

各种参数的含义和填写方法如下：

(1) 行距和刀次。行距，即每行刀位之间的距离。刀次，即产生的刀具轨迹的行数。

注意：在其他的加工方式里，刀次和行距是单选的，最后生成的刀具轨迹只使用其中的一个参数。而在曲面轮廓加工里刀次和轮廓是关联的，生成的刀具轨迹由刀次和行距两个参数决定。如图 4.30 所示，左边部分是对封闭轮廓线右侧进行加工的刀具轨迹，右边部分是对开放轮廓线左侧加工的刀具轨迹。

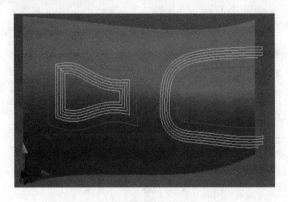

图 4.30　曲面轮廓精加工刀具轨迹

图 4.30 中刀次为 5，行距为 1.5 mm。如果想将轮廓内的曲面全部加工，又无法给出合适的刀次数，可以给一个大的刀次数，系统会自动计算并将多余的刀次删除。如图 4.31 所示设定刀次数为 50，但实际刀具轨迹的刀次数为 10。

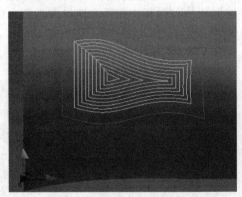

图 4.31　曲面轮廓精加工刀次设置

(2) 轮廓精度：拾取的轮廓是有样条时的离散精度。

(3) 轮廓补偿。

ON：刀心线与轮廓重合。

TO：刀心线未到轮廓一个刀具半径。

PAST：刀心线超过轮廓一个刀具半径。

6. 曲面区域精加工

曲面区域精加工用于加工曲面上的封闭区域，一般应用于曲面局部精加工，常见于对具有较小的局部特征的铣槽、铣文字和图案等进行精细加工。曲面可以是某一曲面的局部，也可以是一组曲面的局部。在加工过程中，面和面之间不会抬刀，利于节约加工时间。

点击"加工"－"常用加工"－"曲面区域精加工"菜单项，弹出如图 4.32 所示的曲面区域精加工对话框。

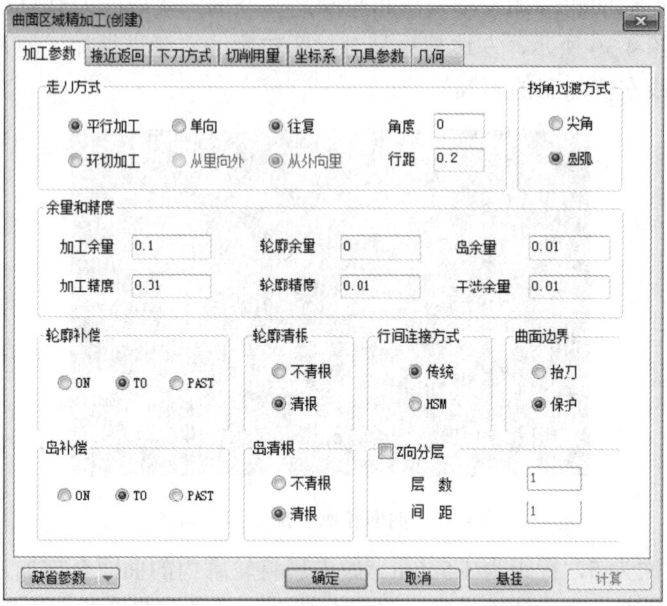

图 4.32　曲面区域精加工参数设置

曲面区域精加工各参数设置与前面其他加工方法设置类似，这里不再详述。

如图 4.33 左侧所示为对凸起的局部区域进行曲面区域精加工，右侧是采用行切方式得到的刀具轨迹。曲面区域精加工同样不能针对岛中岛进行加工。

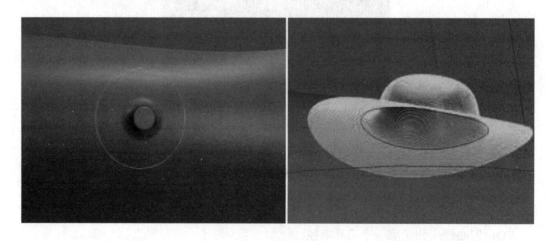

图 4.33　曲面区域精加工刀具轨迹

7．参数线精加工

自由曲面一般是参数曲面。参数线精加工用于生成单个或多个曲面按照曲面参数线前进的刀具轨迹。

点击"加工"－"常用加工"－"参数线精加工"菜单项，弹出如图 4.34 所示的参数线精加工对话框。

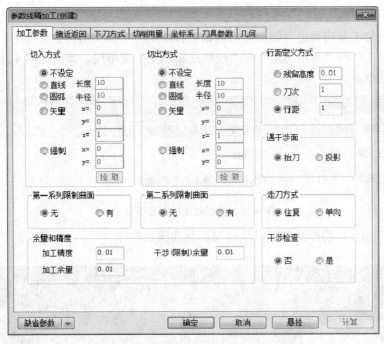

图 4.34　参数线精加工参数设置

参数线精加工的切入、切出方式增加了按指定矢量方向及长度切入。

(1) 加工余量：加工曲面时预留量。可以为负值。

(2) 干涉(限制)余量：处理干涉面(限制面)时所取的余量。

(3) 干涉检查：是否对被加工面本身进行干涉检查。当曲面曲率半径大于刀具半径时，此项选中与否，生成的刀具轨迹是不相同的。

(4) 行距参数可以采用残留高度、刀次和行距三种方式来定义，对精度或表面质量要求较高的面一般采用残留高度的方式定义。

(5) 限制曲面：将加工的刀具轨迹限制在一定的范围内。

计算刀具轨迹时，干涉面和限制面的处理不同，刀具轨迹在干涉面处让刀，在限制面处停止。

如图 4.35 所示是采用参数线精加工所得到的刀具轨迹。当选择多个加工面时，需要对每一个面逐步确定加工方向。

图 4.35　参数线精加工刀具轨迹

8. 投影线精加工

投影线精加工是指将已有的加工刀具轨迹投影到一个或一组待加工面上。

点击"加工"—"常用加工"—"投影线精加工"菜单项，弹出如图 4.36 所示的投影线精加工对话框。

图 4.36　投影线精加工参数设置

如图 4.37 所示，将平面的刀具轨迹投影到曲面上。

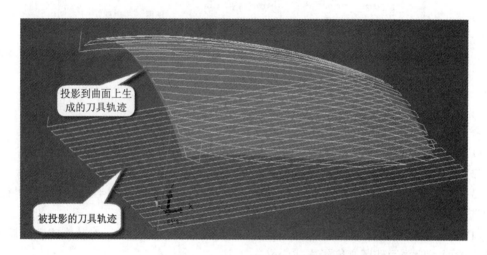

图 4.37　投影线精加工刀具轨迹

注意，在曲面边界处，若选中"保护"，则刀具到达边界后仍然向外延伸一部分，以确保整个面完整均匀加工。选"保护"同"抬刀"的轨迹区别如图 4.38 所示。

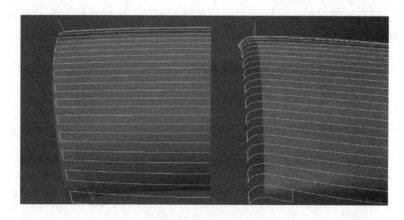

图 4.38　投影线精加工边界参数设置

9．等高线精加工

等高线精加工指在同一高度绕曲面进行加工，一般适用于斜度较大或孔的精加工，可以节约抬刀时间。

点击"加工"—"常用加工"—"等高线精加工"菜单项，弹出如图 4.39 所示的等高线精加工对话框。

图 4.39　等高线精加工参数设置

大部分参数前面已经做过说明，这里仅对部分参数加以介绍。

优先策略：一般分为层优先和区域优先策略。在加工沿 Z 方向有一个以上凸起或凹陷区域时，选用区域优先能节约加工时间。优先策略如图 4.40 所示。

图 4.40　等高线精加工优先策略

层高自适应：若选中此项，则在缓斜面上，相同 Z 值情况下，X、Y 的步距变化很大。限制步距的最大值，插入等步距路径，如图 4.41 所示。

图 4.41　等高线精加工层高设置

区域参数中坡度范围参数：选择使用后，能够设定从 Z 轴正方向开始的倾斜面角度和加工区域，如图 4.42 所示。

区域参数中斜面角度范围：在斜面的起始和终止角度内填写数值来完成坡度的设定。

区域参数中加工区域：选择所要加工的部位是在加工角度以内还是在加工角度以外。

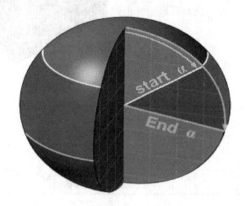

图 4.42　等高线精加工坡度范围参数设置

如图 4.43 所示为等高线精加工某模具的刀具轨迹。

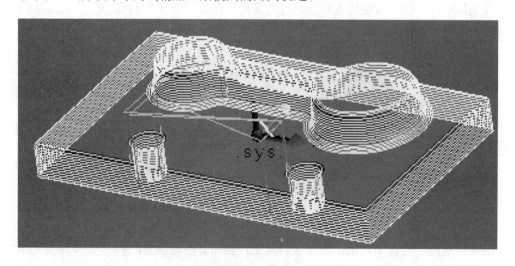

图 4.43　等高线精加工刀具轨迹

10．曲线式铣槽加工

曲线式铣槽是指利用带有底刃的刀具沿给定的曲线轨迹在工件上铣槽。

点击"加工"－"常用加工"－"曲线式铣槽"菜单项，弹出如图 4.44 所示的曲线式铣槽对话框。

图 4.44　曲线式铣槽参数设置

曲线式铣槽可以按给定的曲线轨迹直接铣槽，也可以选择"投影到模型"选项而沿投影线铣槽。同时，还可以设定是否粗加工。开始位置可以直接拾取几何，也可以按刀次。若选择刀次，则根据层高和刀次自动计算开始高度。

其余参数前面已经做过介绍，这里不再赘述。

图 4.45 是采用曲线式铣槽方式得到的刀具轨迹。

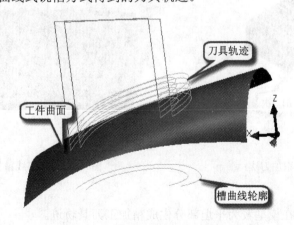

图 4.45　曲线式铣槽刀具轨迹

11．扫描线精加工

扫描线精加工生成一组在 XY 平面上的投影平行的刀具轨迹。

点击"加工"－"常用加工"－"扫描线精加工"菜单项，弹出如图 4.46 所示的扫描线精加工对话框。

图 4.46　扫描线精加工参数设置

在加工参数中，可以设定刀具轨迹与 Y 轴夹角。当刀刃在切削坡度很大的位置时，切削量会显著增大，这时可以选中"在全刃长切削处添加刀次"。这样，CAXA 在计算刀具轨迹时，会自动在该位置处添加切削刀次，如图 4.47 所示。如图 4.48 所示是设定刀具轨迹与 Y 轴夹角为 50° 时的刀具轨迹。

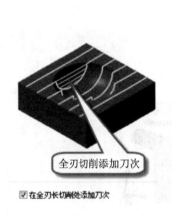

☑ 在全刃长切削处添加刀次

图 4.47　全刃长切削添加刀次

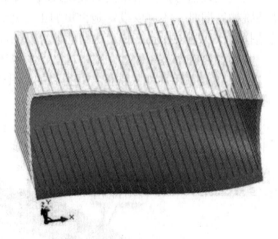

图 4.48　扫描线精加工刀具轨迹

12. 平面精加工

平面精加工是指在模型较为平坦部分生成精加工刀具轨迹。

点击"加工"－"常用加工"－"平面精加工"菜单项，弹出如图 4.49 所示的平面精加工对话框。

平面精加工根据设定的加工参数，自动识别模型中平坦的区域，生成加工轨迹，提高了刀具轨迹的生成效率。如图 4.50 所示，是采用平面精加工所得到的刀具轨迹。

图 4.49　平面精加工参数设置

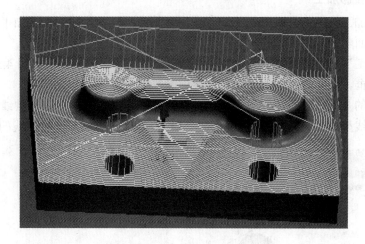

图 4.50　平面精加工刀具轨迹

13. 笔式清根加工

笔式清根加工一般用于角落部位未加工完余量的清理加工。

点击"加工"—"常用加工"—"多轴笔式清根加工"菜单项，弹出如图 4.51 所示的对话框。对话框的内容包括加工参数、区域参数、连接参数、干涉检查、切削用量、坐标系、刀具参数和几何共八项。区域参数等前面已有介绍。

清根可以采取单刀清根或多层清根。选中多层清根，设定刀次，则生成的刀具轨迹数量同设定的刀次的关系为：刀次 $X+1$ = 刀具轨迹数，这是因为 CAXA 在原有单刀清根基础上，在 Z 方向和曲面方向同时增加了设定次数清根刀具轨迹生成。

笔式清根刀具轨迹局部放大图如图 4.52 所示。

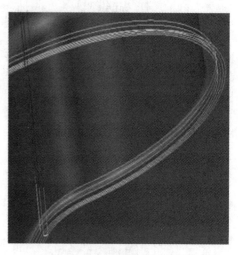

图 4.51　笔式清根加工参数设置　　　　图 4.52　笔式清根加工刀具轨迹

14．曲线投影加工

曲线投影加工是指将平面上的曲线，在模型某一区域内投影后生成加工轨迹。该功能常用于模型表面刻字、花纹等的加工。其加工效率高，加工效果好。

点击"加工"—"常用加工"—"曲线投影加工"菜单项，弹出如图 4.53 所示的曲线投影加工对话框。在此对话框中可以进行各项参数的设置。

需要注意的是，投影曲线应当是平面曲线。在曲线类型选项中有多种线型可以选择，用户也可以对线型自定义。图 4.54 所示是对 XY 平面内的 CAXA 字符曲线的投影加工。

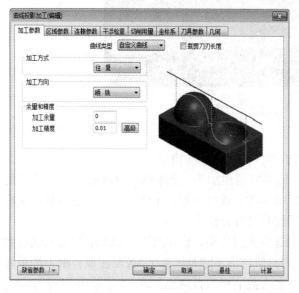

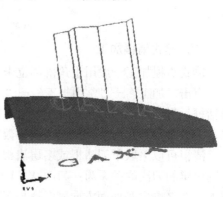

图 4.53　曲线投影加工参数设置　　　　图 4.54　曲线投影加工刀具轨迹

15．三维偏置加工

三维偏置加工是指根据模型形状来定义行距进行加工的方法。在三维模型上以固定的步距来计算刀具轨迹，在加工过程中，这样的操作会使得刀具的负荷非常平均。利用三维偏置加工后的工件具有相同的残留高度，能够产生更高质量的表面质量。三维偏置常用于高速加工。

点击"加工"—"常用加工"—"三维偏置加工"菜单项，弹出如图 4.55 所示的三维偏置加工对话框。在对话框中可以进行各项参数设置。

图 4.55　三维偏置加工参数设置

三维偏置加工可以使用边界线将加工限制在平坦区域。对于比较陡峭的区域，一般使用等高线精加工。平坦和陡峭区域可以用坡度来选择。

三维偏置加工可以指定刀次、加工顺序和选择区域曲线的左侧/右侧/或两侧，但由此生成的刀具轨迹是不同的。如图 4.56 所示为三维偏置加工生成的刀具轨迹，其中右侧为加工参数。

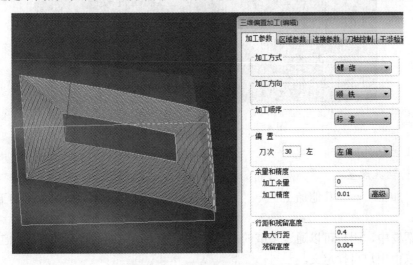

图 4.56　三维偏置加工刀具轨迹

16．轮廓偏置加工

轮廓偏置加工是指根据模型的轮廓形状生成刀具轨迹的加工方法。

点击"加工"－"常用加工"－"轮廓偏置加工"菜单项，弹出如图 4.57 所示的轮廓偏置加工对话框。

图 4.57　轮廓偏置加工参数设置

轮廓偏置方式有等距和变形过渡两种方式。等距，即生成等距的刀具轨迹线。变形过渡，即轨迹线根据形状改变。当选中变形过渡项时，需要自定义内外两条轮廓线。图 4.58 是用两种偏置方式生成的刀具轨迹线的比较。

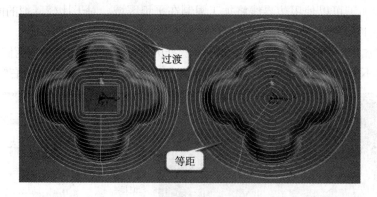

图 4.58　轮廓偏置加工刀具轨迹

17．工艺钻孔加工

1）工艺钻孔设置

点击"加工"－"其他加工"－"工艺钻孔设置"，弹出如图 4.59 所示的工艺钻孔设置对话框。

在对话框中，用户可以通过增减的方式，选择需要加工的某类型的孔的加工方法。孔的类型可以由用户自行定义。

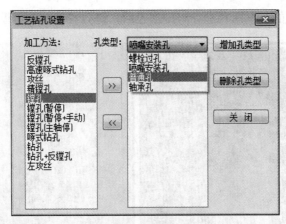

图 4.59　工艺钻孔设置

2) 工艺钻孔加工

点击"加工"－"其他加工"－"工艺钻孔加工"，弹出如图 4.60 所示的"工艺钻孔加工向导"对话框。向导分四步，分别是"定位方式""路径优化""选择孔类型""设定参数"。

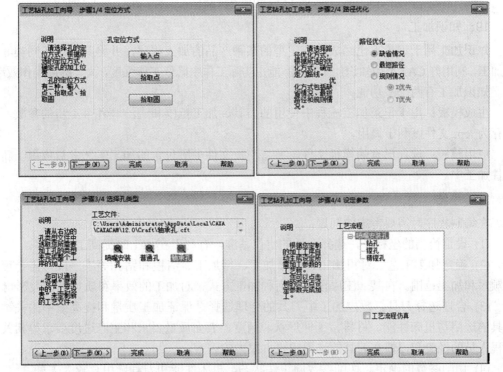

图 4.60　工艺钻孔加工向导

根据向导的提示，可逐步完成工艺钻孔加工的参数选择并生成刀具轨迹。

18．雕刻加工

CAXA 制造工程师提供了利用灰度图片进行雕刻加工的方法，可以用其进行图像浮雕加工，或将图像投影加工到曲面上。

图 4.61 中将左侧的灰度图片进行雕刻加工后，得到右侧的实体模拟加工效果。

图 4.61　图像浮雕加工

19．知识加工

知识加工用于记录下已经成熟或定型的某种产品的加工程序，并将其运用于同类零件的加工。利用好 CAXA 的知识加工功能，能在实际工作中降低工作强度，大大提高工作效率。

知识加工有两个子功能：

生成模板：用于记录加工流程中使用的刀具、加工范围和进给等各个工步的参数，并保存为 .cpt 文件以利于调用。

应用模板：选择已有的模板文件，并将模板文件中所包含的加工工艺参数应用于新的零件加工中。

20．小结

在编制程序时需要考虑的问题：

(1) 设定恰当的坐标系，选择合适的定位基准，有利于在加工时提高工作效率。

(2) 确定加工工艺。对粗加工、半精加工、精加工、清根和钻孔等工序段，需合理安排顺序和加工范围。在某一工序段采取何种加工方式，对加工的效率和质量有很大影响。

(3) 合理选择刀具。数控加工中刀具的合理选择是保证加工质量和提高效率的关键。刀具的选用与机床性能、材料、工件形状、精度、表面质量要求和生产进度要求等相关。编程人员的经验和习惯在刀具的选用中也占很大的因素。

(4) 切削参数的确定。切削参数同工件状态、机床性能和刀具选用有较大关系。

4.2.4　后置处理

后置处理就是结合所使用的具体机床型号，把系统生成的刀具轨迹转化成该类型机床能够识别的 G 代码，生成的 G 代码可以直接输入数控机床用于加工。

考虑到生成程序的通用性，针对不同的机床，CAXA 制造工程师可以设置不同的机床参数和特定的数控代码程序格式，还可以对生成的机床代码的正确性进行校核。

后置处理模块包括后置设置、生成 G 代码和校核 G 代码等功能。

点击"加工"—"后置处理"—"后置设置"菜单项，弹出如图 4.62 所示的后置设置对话框。

在对话框中，有 CAXA 制造工程师预设的各种系统的后置处理文件。选择所使用的机床型号，点击编辑，弹出如图 4.63 所示的后置参数设置对话框。在该对话框中可以对后置处理参数进行设置。后置处理参数设置主要是对机床控制参数和程序格式参数进行设置。机床控制参数主要包括主轴转速及方向、插补方法、刀具补偿、冷却控制、程序起停以及程序首尾控制符等。程序格式参数包括程序说明、换刀格式和程序行控制等内容。

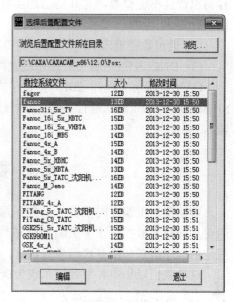

图 4.62　后置设置

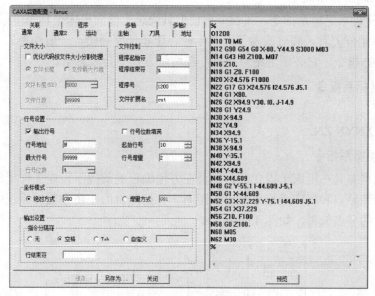

图 4.63　后置参数设置

一般情况下，可以直接使用 CAXA 系统提供的后置处理设置进行后置处理。若需要对后置参数进行设置或修改，必须阅读该机床的使用说明书，并对控制系统和代码非常了解，方可进行设置。使用设置不当的后置处理文件进行 G 代码生成，往往会出现意想不到的结果。

4.2.5　DNC 通信

数控机床程序输入目前有几种基本方法：

(1) 人工通过数控机床系统面板手动输入程序。人工输入程序编辑及修改不便，而且容易出错且不便检查，尤其是当加工复杂零件时或加工程序段过长时，人工输入需要花费很长时间。

(2) 通过数控机床 CF 卡/USB 接口，利用 CF 卡/U 盘拷贝程序。

(3) DNC 通信(电脑与数控系统之间的串口连接，即 DNC 功能)。

CAXA 制造工程师 2015 提供了方便的本地和网络 DNC 接口，集成了 FANUC 和 SIEMENS 等系统输入通信参数，同时还提供了华中数控在线加工功能，方便用户进行程序输入。

4.3 数控铣加工编程

数控铣加工编程同模块 3 数控车加工编程程序格式类似，大多数指令代码可以通用。当对某一特定数控铣床手工编制程序时，需要认真阅读该机床用户手册，并按照该手册所规定的程序格式和指令代码参数进行，否则产生的结果无法预测。

这里我们以华中 8 型数控系统为例来说明部分常用的指令代码的使用。

4.3.1 关于坐标系的指令

1. 选择机床坐标系指令

G53：选择机床坐标系指令，该指令可使刀具快速定位到机床坐标系中指定坐标点处。使用 G53 指令定位刀具，同时清除了刀具半径补偿和长度补偿，一般在换刀的时候使用。G53 属于非模态指令，它必须是绝对指令，在增量方式下会被忽略。

2. 机床坐标系指令

格式：

G90 G53 XNYN ZN;

3. 工件坐标系指令

将工件利用夹具在机床上固定后，需要在方便编程的前提下设定工件坐标系原点，测量该工件坐标系原点和机床坐标系原点的距离，并把测得的距离在数控系统中设定好。该距离也叫工件的零点偏置，如图 4.64 所示。

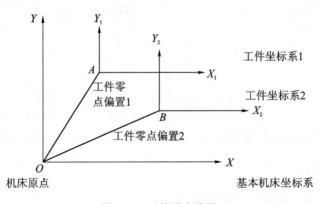

图 4.64 工件零点偏置

设定工件坐标系代码常用以下两种方式:

1) G54 ~ G59

G54(或 G55~G59)书写格式为:

    G54 XNYN ZN

G54(或 G55~G59)为模态指令。通常,系统会在上电并回零后自动选择 G54 为当前工件坐标系。在加工前,机床操作员通过对刀确定工件零点偏置后,再在 MDI 模式下将对应的坐标值输入相应的工件坐标系中,在编程时再在程序中调用。在机床断电后,设定的工件坐标系仍然保存在机床系统中不会丢失,下次开机后可以直接使用。

在加工时,为了编程方便,可以对不同加工部位设置不同的工件坐标系。不同工件坐标系可以根据图纸的坐标值换算来设定,而不需要重新对刀。

G54(或 G55~G59)本身不是移动指令。若需要将刀具移动到 G54(或 G55~G59)原点,需要使用 G00 等移动指令。

下面以一个简单的例子说明对 G54~G59 等指令的应用,如图 4.65 所示。

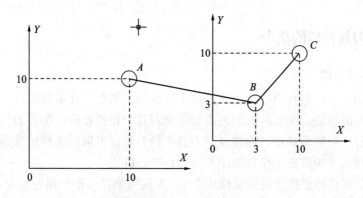

图 4.65   G54、G55 工件坐标系

我们使刀具从 G54 坐标系的 A 点移动到 G55 坐标系的 B 点,然后到 C 点。程序如下:

    ……

    N0010   G54;   激活工件坐标系 G54

    N0020   G00 X10 Y10;   刀具移动到 G54 工件坐标系中的(X10,Y10)点

    N0030   G55 X3 Y3;   激活 G55 工件坐标系,并将刀具移动到 G55 坐标系中的

                                  (X3,Y3)点

    N0040   X10 Y10;   将刀具移动到 G55 坐标系中的(X10,Y10)点

    ……

2) G92

书写格式为:

    G92 XN YN ZN;

G92 是非模态指令。机床断电后工件坐标系原点会丢失。

使用 G92 设定工件坐标系,在开始加工前,刀具必须人工移动到加工程序段指定的起始位置。

使用 G92 指令，工件坐标系的原点会随刀具起始点的变化而变化。

G92 功能是重新定义坐标原点，从而改变加工过程中的坐标位置。

当使用了 G92 指令后，系统将自动取消刀具半径补偿。在后续的程序段中，应当重新指定刀具半径补偿，否则会出错。G92 同样不是移动指令。

下面为应用 G92 指令的简单例子。

……

N0010	G55	G00 X100　Y100；	在 G55 工件坐标系中将刀具移动到(X100，Y100)点
N0030	G54	X50　Y50；	在 G54 中将刀具移动到(X50，Y50)点
N0040	G92	X10　Y10；	将刀具所在位置定义为新的 G54 坐标系中的(X10，Y10)点，G55 坐标系同时移动相应增量
N0050		X50　Y50；	在新的 G54 坐标系中移动刀具到(X50，Y50)点
N0060	G55	X100　Y100；	在新的 G55 坐标系中移动刀具到(X100，Y100)点

……

4.3.2　关于刀具补偿的指令

1．刀具半径补偿

在数控铣加工中，刀具中心运动轨迹同工件轮廓不重合。在编程时，一般是以工件轮廓尺寸作为编程的轨迹。在实际加工时需要考虑刀具半径的影响，需要刀具中心的运动轨迹同工件轮廓有一定的偏移量。通过设定刀具半径补偿，可以以工件轮廓为编程轨迹，再由系统根据编程轨迹和刀具半径自动计算出刀具中心轨迹。

常用的刀具半径补偿指令说明见模块 3 "刀尖圆弧半径补偿" 指令部分。

2．刀具长度补偿

数控铣床加工工件时，常需要使用多种刀具。由于刀具长度不同，或者同一把刀由于磨损、重磨变短等，重新装夹后刀具刀位点会发生变化。在编程时，可以将位点设置在同一基准(如：可以是主轴的前端面或标准刀具对刀时的刀位点)，不需要考虑实际刀具的长度偏差。加工时的实际刀位点由长度补偿功能来修正，无须改变程序。

(1) G43：正向刀具长度补偿指令。

格式：

G43 ZNHN；

其中 Z 为指令终点位置。实际执行的 Z 坐标为：Z*=ZN+(HN)。如：G91G00G43H01Z100；(H01=50) 和 G91G00Z150；是等效的指令，均是走刀到 Z150 处。但第一段程序比第二段方便，可以适用于不同刀具。因为换刀后，第一段程序只需要修改 H01 的值，而第二段程序因为换刀后刀具长度、刀位点等都发生了变化，若要达到换刀前的效果，还需要修改程序，重新对刀。

(2) G44：负向刀具长度补偿指令。

格式：

G44ZNHN；

其中 Z 为指令终点位置。实际执行的 Z 坐标为：Z* = ZN − (HN)。

(3) G49：取消刀具长度补偿。

格式：

G00G49 ZN；

其中 Z 为指令终点位置。

(4) 注意事项：

① G43/G44/G49 均为模态指令，可以相互注销。

② G43/G44/G49 只能在 G00/G01 指令段中使用，不能用于 G02/G03 指令段。

③ 当机床回参考点时，除非使用 G27、G28、G30 等指令，否则必须取消刀具长度补偿。为了安全，在一把刀加工结束或程序段结束后，应取消针对该刀具的长度补偿。

④ 应用刀具长度补偿指令可以简化加工程序。在编制程序时，忽略不同刀具长度对编程数值的影响，仅以标准刀具进行编程。这个假想长度也可以是 0，以简化编程中不必要的计算。在正式加工前，再把实际刀具长度与标准刀具长度的差值作为该刀具的长度补偿数值，设置到其所使用的 H 代码地址内。

⑤ 刀具长度补偿值可以为负值，当取负值时，G41 实现右补偿，G42 实现左补偿。

⑥ 一般为了避免失误，系统默认通过设定参数使刀具长度补偿只对 Z 轴有效。

⑦ G49 可以用 H00 替代，H00 地址中数值一直为 0。

⑧ 当同时使用刀具长度补偿和半径补偿时，应当将含有刀具长度补偿的程序段放置在含有刀具半径补偿的程序段之前，否则半径补偿无法执行。

(5) 刀具长度补偿程序编制举例。

对如图 4.66 所示零件中的孔进行钻孔加工。

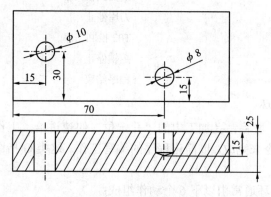

图 4.66 刀具长度补偿钻孔

分别使用长度为 120 mm 的 ϕ10(设置为 T01)和长度为 80 mm 的 ϕ8(设置为 T02)钻头进行钻孔加工。

现使用理想刀具编程(长度为 100)。因此可以设定 H01 = 20，H02 = − 20。

程序设定：工件坐标系 G54 原点位于工件左下方上表面角点，钻孔循环初始平面高度 Z = 50，R 平面高度 Z = 5，刀具补偿基准点为主轴前端面。

程序如下：

N0010 M06 T01；	换 T01 号刀
N0020 G90 G54 G00 X15 Y30；	使用绝对编程方式，快速移动刀具到 ϕ 10 孔上方
N0030 G43 H01 Z50 S600 M03；	理想刀具移动到 Z50，实际刀具移动到 Z70
N0040 M07；	1 号切削液开(模态)
N0050 TO2；	刀库移动 2 号刀具到换刀位但不换刀(后面程序继续执行)
N0060 G98 G73 Z-35 R5 Q5 F200；	R 平面 Z 坐标为 5，钻孔循环深度为 5，使用深孔钻削循环以进给 200mm/min 钻孔，钻孔深度为 35 mm 以保证孔的完整性，完成后返回到初始平面 Z=50
N0070 M09；	切削液关(模态)
N0080 G28 Z0；	返回到换刀点
N0090 M06；	换 T02 号刀
N0100 G00 X70Y15；	快速移动刀具到 ϕ 8 孔上方
N0110 G43 H02 Z50；	理想刀具移动到 Z50，实际刀具移动到 Z30
N0120 M07；	1 号切削液开(模态)
N0130 G98 G73 Z-15 R5 Q5 P1000 F200；	设定 R 平面 Z 坐标为 5，钻孔循环深度为 5，使用深孔钻削循环以进给 200 mm/Mmin 钻孔，钻孔深度为 15 mm，底部停止 1 秒，完成后返回到初始平面 Z = 50
N0140 M09；	切削液关(模态)
N0150 G28 Z0；	返回到换刀点
N0160 T00；	刀库停止
N0170 M06；	T02 换回刀库
N0180 M05；	主轴停止
N0190 M02；	程序结束

3. 孔加工固定循环

在数控系统中，一般将钻孔加工中的"孔定位、快速进给、工作进给、快速回退"等固定动作用一条 G 指令来完成，以简化程序的编写工作。这类 G 指令称为孔加工固定循环指令。

(1) 孔加工固定循环通常由以下 6 个动作组成：

动作一：X 轴和 Y 轴定位，刀具快速定位到要加工孔的中心位置上方。

动作二：快进到 R 点，刀具自初始点快速进给到 R 点(准备切削的位置)。

动作三：孔加工，以切削进给方式执行孔加工的动作。

动作四：在孔底的动作，包括暂停、主轴准停、刀具移位等动作。

动作五：返回到 R 点，继续下一步的孔加工。

动作六：R 点快速返回到初始点。孔加工完成后应选择返回初始点。

初始平面：为了确保在确定孔位置时安全下刀而规定的一个平面。使用同一把刀具加工孔，当孔间存在障碍需要提刀跳过，或全部孔加工完成时，才使用 G98(固定循环返回初始平面)回到初始平面，否则使用 G99(固定循环返回 R 点平面)。

R 点平面：刀具下刀时，从快进转换为工作进给时的高度。该高度一般根据工件表面的尺寸变化来确定。

在已加工表面上钻孔、镗孔和铰孔时，引入距离为 2～5 mm；在毛坯上钻孔、镗孔、铰孔时，引入距离为 5～8 mm；攻螺纹、铣削时，引入距离为 5～10 mm。编程时，根据具体情况设置。

孔底 0 平面：加工盲孔时，孔底平面的位置就是孔底 Z 向高度。加工通孔时，刀具一般需要伸出工件底平面一小段，以确保整个孔深都加工到位。

(2) 孔加工固定循环指令格式：

G90(或 G91)G99(G98)GNXNYNZNRNQNPNFNKN；

指令说明：

① G90、G91：规定机床的运动方式。其中，G90 采用绝对坐标方式，G91 采用增量坐标方式。

② G99、G98：选择返回平面。其中，G99 返回 R 点平面，G98 返回初始平面。

③ GN：规定孔加工方式，有 G73、G74、G76、G81～G89 等，为模态指令。

④ XNYN：当前加工孔的位置。

⑤ ZN：在 G90 时，Z 值为孔底的绝对坐标值，在 G91 时，Z 是 R 平面到孔底的增量距离。从 R 平面到孔底按 F 代码所指定的速度进给。

⑥ R：在 G91 时，R 值为从初始平面到 R 点的增量距离；在 G90 时，R 值为绝对坐标值，此段动作是快速进给的。

⑦ Q：在 G73 或 G83 方式中，规定每次加工的深度，以及在 G87 方式中规定移动值。Q 值一律是无符号增量值。

⑧ P：孔底暂停时间，用整数表示，以 ms 为单位。

⑨ F：进给速度，mm/min。攻螺纹时其值为主轴转速与螺距的积。

⑩ K：为 0 时，只存储数据，不加工孔。在 G91 方式下可加工出等距孔，仅在被指令的程序段中有效。

如果正在执行固定循环的过程中 NC 系统被复位，则孔加工模态、孔加工参数及重复次数 K 均被取消。

关于孔加工模态指令的使用，可以在编程时参考机床编程手册。

下面为孔加工固定循环指令例子。

N0010	G54 G80 G90 G0 X0 Y0；	以 G54 为工件坐标，取消固定循环并以绝对坐标方式快速移动到(0，0)点
N0020	M06 T01；	换 T01 刀，使用 ϕ 12 钻头
N0030	M03 S1000；	主轴正转
N0040	G43 G00 Z50 H1；	刀具长度补偿，快速移动到 Z50
N0050	G98 G73 Z-28 R1 Q2 F200；	设定 R 平面 Z 坐标为 1，钻孔循环深度为 2，使用深孔钻削循环以进给 200 mm/min 钻孔，

钻孔深度为 28 mm 钻孔完成后返回到初始平面

N0060	G80 G0 Z50;	固定循环取消
N0070	M05;	主轴停
N0080	M02;	程序结束

4.4 自动编程实例

4.4.1 象棋加工

下面我们对图 4.67 所示的铝合金象棋进行加工。

图 4.67 准备加工的铝合金象棋

1．数控加工思路

从数据模型分析，象棋模型特征明显。由于象棋模型为规则的圆柱且直径偏小，因此采用三爪卡盘来夹持。外圆面加工可以采用数控车削加工，所留余量为 0。具体加工方法参考本书模块 3，这里不再赘述。端面由于字体较小，需要比较高的加工质量，且加工深度较浅，可以考虑在使用合理的加工参数的情况下，选择 $\phi 2.5$ 的中心钻或 $\phi 2.5$ 的键槽铣刀，采用等高线域粗加工的方式一次性加工成型。也可以不建立三维模型，采用平面区域粗加工的方式，使用合理参数一次性加工成型。

2．加工准备

1) 设定工件坐标系

考虑到对刀和程序编制的方便性，可以将坐标原点设置在工件上端面的圆心。

2) 创建毛坯

以参照模型的方式设置毛坯。在车削加工时，加工余量为 0，因此在设置毛坯尺寸时，各方向的毛坯尺寸按照工件的实际大小来设置。

3) 定义加工起始点

起始点可以定义在工件的边沿，也可以定义在工件的上表面圆心处。这里我们定义加工起始点在工件的上表面圆心处。

4) 创建刀具并定义参数

在"刀具库"对话框中定义 $\phi 2.5$ 球头刀(CAXA 制造工程师 2015 中没有中心钻的定义,这里用 $\phi 2.5$ 球头似替代)。在定义时,注意与实际使用的刀具参数相符。刀具命名一般以直径或刀具半径来表示,也可以两者同时使用。

3. 加工程序生成

点击"加工"－"常用加工"－"等高线粗加工"菜单项,弹出如图 4.68 所示等高线粗加工设置对话框。

图 4.68　等高线粗加工

(1) 加工参数。

加工方式采用往复方式,以减少提刀和空刀,从而提高效率。

加工方向采用顺铣以提高刀具的耐用度。

优先策略采用区域优先以减少提刀。

走刀方式采用环切可以避免轮廓边沿刀路整齐,省略轮廓精铣。

由于刀具直径较小,因此行距设置为 0.3,层高设置为 0.1。

加工余量为 0 以保证一次性加工完毕。

加工精度为 0.02 以保证足够的加工平顺性同时降低刀具轨迹计算时间。

(2) 区域参数、连接参数、干涉检查和计算毛坯等直接使用系统缺省值即可。

(3) 切削用量。

切削用量同机床、刀具、材料和切削液都有密切的关系。

铝合金的硬度低、韧性低、导热性好,属于易加工材料,中心钻的整体刚性较好。本例因加工量小,对机床刚性要求不高,因此,综合以上因素可以采用较大的切削用量。具体切削参数如图 4.69 所示。

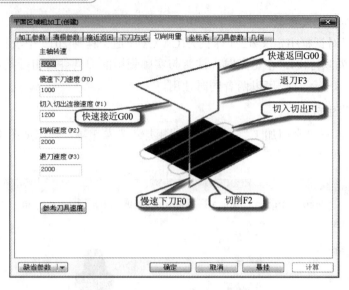

图 4.69　切削用量设置

(4) 坐标系。

在缺省状态下，以系统坐标系为工件坐标系。若创建模型时没有以系统坐标系为基准，那么在加工时可以创建一个坐标原点位于指定点的坐标系。在设置加工参数时，选择该坐标系作为工件坐标系即可。

(5) 刀具参数可以直接调用在刀具库中设置好的 $\phi2.5$ 球头刀，几何直接选取象棋实体模型。

根据以上参数生成的刀具轨迹如图 4.70 所示。图 4.71 所示为刀具轨迹的局部放大图。

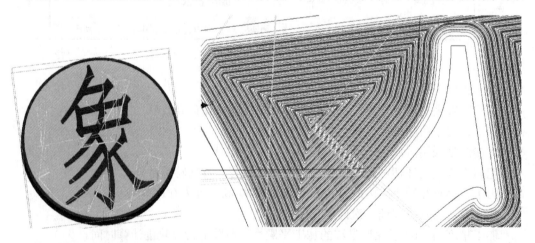

图 4.70　等高粗加工刀具轨迹　　　　　图 4.71　刀具轨迹局部放大图

4. 后置处理

将生成的刀具轨迹后置处理成机床可以识别的 G 代码。

点击"加工"—"后置处理"—"生成 G 代码"。在弹出对话框中选中刀具轨迹和数控系统，点击确定按钮即可生成 G 代码文件，如图 4.72 所示。

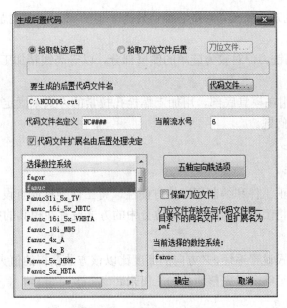

图 4.72　生成后置 G 代码

4.4.2　碟刹支架模具加工

图 4.73 所示为摩托车碟刹支架模具型芯部分，下面以此为例，说明铣削加工自动编程及加工过程。

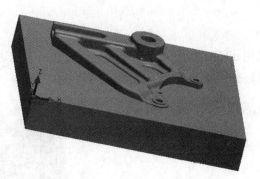

图 4.73　摩托车碟刹支架模具

1．数控铣加工思路

从模型的主体特征分析，特征位于模具中心，较为不规则。

工件装夹采用在模具底部加工螺栓孔拉紧的方式来固定，这样在加工时可以不用考虑刀具的避让夹具问题。

加工时，可以按照以下方法安排加工顺序：

(1) 使用 $\phi16R0.8$ 的立铣刀，以等高线粗加工的方法加工出整体外形，以提高粗加工效率。此时型芯部位保留加工余量 0.3 mm，分模面加工余量为 0；

(2) 使用 $\phi10$ 的键槽铣刀，以等高线粗加工的方法，对前面粗加工时未加工到的残留余量较多的部位进行局部粗加工，此时保留加工余量 0.3 mm；

(3) 使用 $\phi 6R3$ 的球头铣刀，对型芯部位较为平坦的部分，以扫描线精加工的方法去除余量，此时余量为 0；

(4) 使用 $\phi 6$ 的端铣刀，对较为陡峭的侧壁部分，以等高线精加工的方法去除余量，此时余量为 0；

(5) 工件装夹采用在模具底部，用加工螺栓孔拉紧的方式来固定。在加工时可以不用考虑刀具的避让夹具问题。

2．准备加工条件

1) 设定工件坐标

考虑到装夹、找正工件和编制程序的方便性，将工件坐标原点设置在模具的左下角的上端面角点，也可以将工件坐标原点以对边分中的方式设置在模具的中心。

2) 创建毛坯

以参照模型的方式设置毛坯，Z 方向的高度比以该方法获得的值大 3 mm 左右，以保证加工时，模具型芯有足够余量完整地被加工出来。

3) 定义加工起始点

由于工件坐标原点在模具的左下角的上端面角点，考虑到加工程序生成的方便性，在"全局轨迹起始点"对话框中将起始点设置在(0，0，0)处。

4) 创建刀具并定义参数

在"刀具库"对话框中定义 $\phi 16R0.8$、$\phi 10$、$\phi 6R3$、$\phi 6$ 等规格的刀具。

3．加工程序生成

1) 等高线粗加工 1

按照加工思路，采用 $\phi 16R0.8$ 的立铣刀以等高线粗加工方法进行粗加工。所采用的部分参数和生成的刀具轨迹如图 4.74 所示。

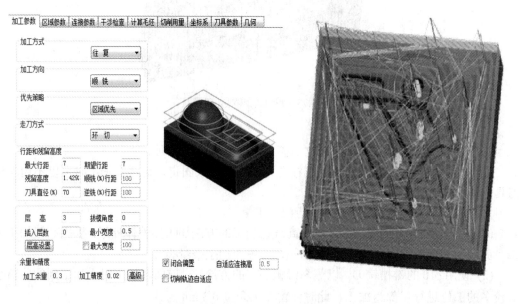

图 4.74　等高线粗加工 1 参数和刀具轨迹

2) 等高线粗加工 2

使用 ϕ10 的键槽铣刀,以等高线粗加工的方法,对前面粗加工未加工到的残留余量较多的部位进行粗加工。

所采用的部分参数和生成的刀具轨迹如图 4.75 所示。

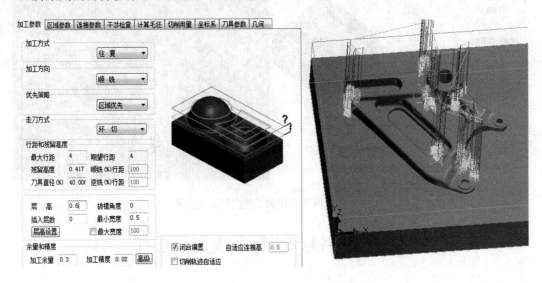

图 4.75 等高线粗加工 2 参数和刀具轨迹

3) 等高线精加工

使用 ϕ6R3 的球头铣刀,对型芯部位较为陡峭的部分,以等高线精加工的方法去除余量。

所采用的部分参数和生成的刀具轨迹如图 4.76 所示。

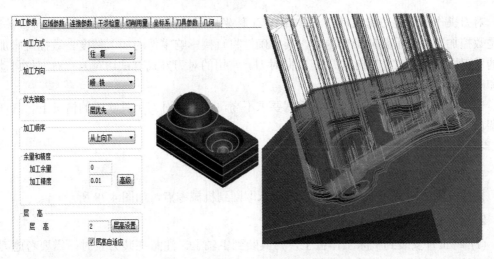

图 4.76 等高线精加工参数和刀具轨迹

4) 扫描线精加工

使用 ϕ6R3 的球头铣刀,对型芯部位较为平坦的部分,以扫描线精加工的方法去除余量。

所采用的部分参数和生成的刀具轨迹如图 4.77 所示。

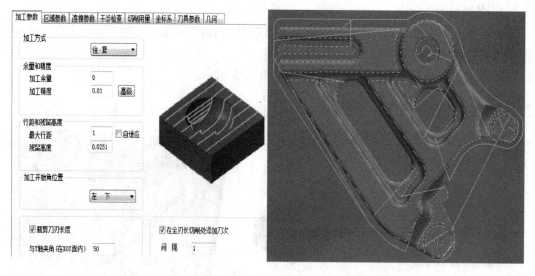

图 4.77　扫描线精加工参数和刀具轨迹

4.5　数控铣床坐标系规定及操作

4.5.1　坐标系规定

数控铣床及坐标系规定参加模块 2 之 2.3 部分。

4.5.2　对刀操作

对刀操作指通过刀具或对刀工具，确定工件坐标系与机床坐标系之间的空间位置关系。它是数控加工中最重要的操作内容，其准确性将直接影响零件的加工精度。数控铣床加工中的对刀操作分为 X、Y 向对刀和 Z 向对刀。常用的对刀方式有试切对刀、对刀仪自动对刀和对刀器对刀等。

试切对刀方式主要应用于加工精度要求不高，或其他对刀工具缺乏的情况下。其详细步骤如下：

1. 机床回零

在对刀前应当将机床回零。

按动机床回零按键，并按启动键，机床即回到机械零点，如图 4.78 所示。

2. X、Y、Z 向试切对刀

(1) 将工件安装到机床工作台上，刀具装到主轴上。注意在装刀具时，需要考虑刀具的装夹长度，在保证不发生干涉的情况下，尽量缩短刀具伸出的长度以增大刀具的刚性。

(2) 按"主轴正转"启动主轴，并快速移动工件到主轴附近。若主轴不动，则按 MDI 输入主轴旋向和转速(例如 M3 S500)　确认键　按循环启动键。

(3) 使用手轮模式，让刀具慢速靠近工件对刀处，直到切出少许切屑为止，并记录下此时坐标。

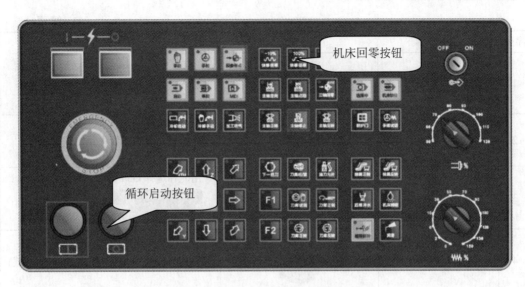

图 4.78　机床回零

3. 成海 VMC640 的手动对刀

成海 VMC640 采用华中 8 型数控系统，手动对刀操作主要在"坐标系"及"刀补"子界面完成。为了方便操作，该系统在"加工"和"设置"功能中，均设置了该两个子界面，以减少界面切换，且操作步骤基本相同。

针对一些特定零件，该系统可通过"设置"功能中的"工件测量"功能，简化手动对刀操作。该功能包括："中心测量""平面测量"和"圆心测量"，主要实现 X、Y、Z 轴坐标的自动设置。

随着数控机床的普及，对刀仪的应用逐渐广泛，自动对刀得到越来越多的应用。该系统在"设置"功能中，配置了"自动对刀"功能，可实现 Z 轴坐标和刀长补的自动设置。

表 4.1 为"设置"功能集下，完成手动对刀操作为例讲解操作步骤。

表 4.1　手动对刀操作步骤

操作名称	手动对刀操作	工作方式	手动、手轮
显示界面	"设置"集下"坐标系""刀补"子界面		
基本要求	1. 周边余量均匀，为 0.6 mm； 2. 上表面余量 0.1 mm； 3. 毛坯直边与坐标轴基本平行； 4. 粗、精两把刀加工，刀具直径均为 10 mm； 5. A_1、A_2 为 X 轴对刀时，刀具刚接触工件点； 6. B 为 Y 轴对刀时，刀具刚接触工件点； 7. C 为 Z 轴对刀时，刀具刚接触工件点。	零件对刀示意图	

续表一

序号	操作步骤	按 键	说 明
1	按〖设置〗	设置 Set Up	进入"设置"功能界面
2	按『坐标系』	坐标系∨	『坐标系』为一级主菜单软键
3	选择坐标系、对刀轴（X轴）	◀ ▶ ▲ ▼	用光标选择 G54 的 X 轴坐标如下： G54 X 40.3992 毫米
4	手摇刀具到 A_1 点		刀具刚接触工件毛坯左边缘(试切方式)
5	按『相对清零』	相对 清零∨	界面切换到"相对清零"子界面
6	按『X』	X	X 轴相对清零，"相对实际"坐标显示为 0； 相对实际 X 0.0000
7	手摇刀具到 A_2 点		避开工件后，刀具刚接触工件毛坯右边缘； 读取"相对实际"坐标值，若为 21.2106(试切位置值误差，不可大于余量值)；显示 相对实际 为 X 21.2106
8	将刀具移到 X 轴"相对实际" 10.6053 的点		移到 A_1A_2 中点位置，即"相对实际"值一半处 21.2106/2 = 10.6053； 此时 A_1A_2 的中点，也是工件坐标的 X 轴零点，显示为 X 相对实际 X 10.6053
9	按『⇑』	↑	返回上级"坐标系"子界面
10	按『当前输入』	当前 输入	按『当前输入』，将刀具的机床坐标值，设定为工件坐标的 X 轴零点。并置换原值， G54 显示现值，如 X 50.5998 毫米

续表二

序号	操作步骤	按键	说　　明
11	选择坐标系、对刀轴 （Y 轴）	◀ ▶ ▲ ▼	用光标选择 G54 的 Y 轴坐标如下： G54 Y　0.0000 毫米
12	手摇刀具到 B 点		刀具刚接触工件毛坯下边缘(试切方式)
13	按『相对清零』	相对 清零	界面切换到"相对清零"子界面
14	按『Y』	Y	Y 轴相对清零，"相对实际"坐标显示为 0； 相对实际 Y　0.0000
15	将刀具移到 Y 轴 "相对实际"13.6 的点		工件坐标 Y 零点与此时刀具距离为：零点与工件边缘距离 + 余量 + 刀具半径，即 $8 + 0.6 + 10/2 = 13.6$ 处； 相对实际 显示为 Y　13.6000
16	按『⇧』	⬆	返回上级"坐标系"子界面
17	按『当前输入』	当前 输入	工件 Y 轴零点对刀完成，当前刀具的 Y 轴机床坐标值，录入坐标系中 G54 Y　25.9950 毫米
18	选择坐标系、对刀轴(Z 轴)	◀ ▶ ▲ ▼	用光标选择 G54 的 Z 轴坐标如下： G54 Z　0.0000 毫米
19	手摇刀具到 C 点		刀具刚接触工件毛坯上表面(试切方式)
20	按『当前输入』	当前 输入	将当前刀具的 Z 轴机床坐标值，录入坐标系中 G54 Z　34.5900 毫米

续表三

序号	操作步骤	按 键	说 明
21	按「光标 J」	▲ ▼	G54 Z 34.5900毫米 返回 Z 轴坐标设定
22	按『增量输入』	增量 输入	此时工件零点在刀具下方一个余量距离处，−0.1 mm 处。(工件零点相对刀具的方向与工作坐标系方向相反)
23	输入增量值 "−0.1"	——	在上值基础上，增 "−0.1" 毫米，确认 G54 后显示为 Z 34.4900 毫米
24	最终对刀完成后，G54 中坐标零点显示	——	G54 X 50.5998 毫米 Y 25.9950 毫米 Z 34.4900 毫米

4.5.3 程序传输

经过后置处理的程序需要输入到加工中心系统中，才能进行加工。成海 VMC640 可以通过网络接口进行传输。这里介绍使用 U 盘进行程序传输的方法。具体步骤为：

(1) 将经过后置处理的程序拷贝到 U 盘里，并将 U 盘插入操作系统。

(2) 程序查找。

➢ 在"程序"默认界面下，选择查找程序可能所处的分区，即『系统盘』『U 盘』『网盘』；

➢ 若查找程序可能在文件目录中，需要「Enter」键，打开该目录；

➢ 按『查找』软键，输入框激活，提示输入查找文件；

➢ 输入查找的文件名，如 O0011；

➢ 按「Enter」即可查到相应程序。

(3) 程序复制、粘贴。

➢ 在"程序"默认界面下，用『查找』方式或「光标」键、「翻页」键，选择需要复制、粘贴的程序；

➢ 按『复制』软键，并在输入框中提示：复制成功；

➢ 按『系统盘』、『U 盘』、『网盘』软键，选择目标分区；

➢ 若需粘贴到文件目录中，需要选中文件目录，按「Enter」打开目录；

➢ 按『粘贴』软键，完成粘贴并在对话框提示成功。

(4) 程序删除。

➢ 在"程序"默认界面下，用『查找』方式或「光标」键、「翻页」键，选择需要删除的程序；

➢ 按『删除』软键，程序删除并提示删除成功。

(5) 程序重命名。

重命名

> 在 "程序" 默认界面下，按『系统盘』『U 盘』『网盘』软键，选择需要重命名程序所在分区；
> 若需重命名程序在文件目录中，需选中文件目录，按「Enter」打开目录；
> 用「光标」「翻页」键，将光标移动到需重命名的程序上；
> 按『⇨』键，切换为 "程序" 界面的扩展菜单页；
> 按『重命名』软键，对话框提示：输入新文件名；
> 在对话框中输入新文件名，如："OHZ2"；
> 按「Enter」键，确认输入，则原程序名被重命名为新的程序名。

(6) 创建新程序。

新建
程序

> 在 "程序" 默认界面下，按『系统盘』『U 盘』『网盘』软键，选择需要新建程序的分区；
> 若需在文件目录中新建程序，需选中文件目录，按「Enter」打开目录；
> 按『新建程序』软键，对话框提示：输入文件名；
> 输入文件名：如："OHZ1"；
> 按「Enter」键，确认输入，则工作集由 "程序" 切换为 "加工"，界面切换为 "加工" 功能集下的 "编辑程序" 子界面；
> 按规定完成程序编辑后，按『保存文件』软键，程序保存并提示保存完成。

注 1："加工" 功能集和 "程序" 功能集均有『新建程序』功能。

注 2：在 "加工" 功能集下新建程序，且工作方式为 "自动""单段""手动" 时，新建的程序可自动加载。

注 3：在 "程序" 功能集下新建程序时，界面和菜单会自动切换到 "加工" 功能集下，但新建的程序不会被自动加载。

(7) 程序读写设置。

可写

只读

> 在 "程序" 默认界面下，按『系统盘』『U 盘』『网盘』软键，选择需设置属性程序所在分区；
> 若需设置属性程序在文件目录中，需选中文件目录，按「Enter」打开目录；
> 用光标键、翻页键，将光标移动到需设置属性的程序上；
> 在 "程序" 默认界面下，按『⇨』键，切换为 "程序" 界面的扩展菜单页；
> 按『可写』或『只读』软键，则该程序属性被设置。

4.5.4　自动加工

当程序传输到机床系统中后，就可以加载该程序进行 DNC 自动加工。华中 8 型数控系统加工程序的加载，只可"加工"功能集下实现，虽"程序"功能集下可创建新程序，但执行该操作时，界面会切换到"加工"功能集下，且不可自动加载为加工程序。

1. 加载新程序为加工程序

加载新程序为加工程序，其操作步骤见表 4.2。

注意事项：

"加工"功能集下，新创建的程序保存后，可自动加载为当前加工程序；

"程序"功能集下，新创建的程序不能自动加载为加工程序。

表 4.2　加载新程序为加工程序

操作名称	加载新程序为加工程序		工作方式	自动、单段、手动
基本要求	在"加工"集下新建程序		显示界面	"编辑程序"子界面
序号	操作步骤	按　键	说　　明	
1	按【自动】	自动	● 保持原界面	
2	按〔加工〕	加工 Mach	● 默认界面、主菜单	
3	按『编辑程序』	编辑程序	● 光标进入当前已加载的程序编辑区	
4	按『新建』	新建		
5	(输入文件名)	——	● 输入新文件名，如："nc123" ● 新文件名的地址字固定为 O，不需要输入	
6	按「Enter」	Enter 确认	● 确认输入，文件名为 Onc123 ● 光标进入编辑区	
7	(编辑程序)	——	● 编辑程序并完成	
8	按『保存文件』	保存文件	● 新编程序立即加载为加工程序 ● 提示保存文件完成	

2. 加载已有程序为加工程序

加载已有程序为加工程序，其操作步骤见表 4.3。

表 4.3　加载已有程序为加工程序

操作名称	加载已有程序为加工程序		工作方式	自动、单段、手动
基本要求	各盘中，已有所需加载的程序		显示界面	"选择程序"子界面
序号	操作步骤	按键	说　明	
1	按【自动】	自动	● 保持原界面	
2	按[加工]	加工 Mach	● 默认界面、主菜单	
3	按『选择程序』	选择程序	● 查找程序	
4	按『系统盘』等	系统盘　U盘	● 选择：系统盘/U 盘/网盘/用户盘	
5	(查找加载程序)	——	● 选择准备加载为"当前加工程序"的程序 ● 查找程序	
6	「Enter」	Enter 确认	● 加载完成	

3．程序校验

程序校验见表 4.4。

表 4.4　程　序　校　验

操作名称	程序校验		工作方式	自动、单段
基本要求	已完成加工程序加载		显示界面	"校验程序"子界面
序号	操作步骤	按键	说　明	
1	按【自动】	自动	● 保持原界面	
2	按[加工]	加工 Mach	● 默认界面、主菜单	
3	(加载程序)	——	● 加载加工程序	
4	按『校验』	校验	● 工作方式显示处变为"校验" ● 『校验』软键处于高亮状态	
5	按[循环启动]		● 自动运行完成后，退出校验 ● [复位]键可退出校验	

4. 程序图形仿真

程序图形仿真，见表4.5。

表4.5 程序图形仿真

操作名称	程序图形仿真		工作方式	自动、单段
基本要求	已完成加工程序加载		显示界面	"加工"功能集界面
序号	操作步骤	按 键	说 明	
1	按【自动】		● 保持原界面	
2	按『加工』		● 默认界面、主菜单	
3	(加载程序)	——	● 参照7.1.1 加载加工程序	
4	按『显示切换』		● 按一次该键，切换一种界面，并循环切换 ● 选择"图形+程序"界面	
5	按［循环启动］		● 自动运行，并实现图形仿真	

5. 程序单段运行

程序单段运行，见表4.6。

表4.6 程序单段运行

操作名称	单段运行		工作方式	单段
基本要求	完成加工程序加载		显示界面	"加工"功能集界面
序号	操作步骤	按 键	说 明	
1	按【单段】		● 保持原界面	
2	按『加工』		● 默认界面、主菜单	
3	(加载程序)	——	● 加载加工程序	
4	按『循环启动』		● 按一下启动键，运行一段程序，依次循环	

注意事项：

单段与自动工作方式一样，均可校验、仿真运行。

6. 程序运行

程序运行，见表 4.7。

表 4.7　程 序 运 行

操作名称	程序运行		工作方式	自动
基本要求	已完成加工程序加载		显示界面	"加工"功能集界面
序号	操作步骤	按　键		说　明
1	按【自动】	[➡ 自动]		● 保持原界面
2	按『加工』	[加工 Mach]		● 默认界面、主菜单
3	(加载程序)	——		● 加载加工程序
4	(安全检查)	——		● 完成减速、锁住处理等
5	按『循环启动』	[○]		● 自动运行程序

注意事项：

(1) 自动运行新程序前，应完成刀具设置操作。

(2) 自动加工操作虽不是只可在"加工"功能集下进行，但在"加工"功能集下更便于操作和观察。

(3) 在加工过程中，尤其是刚开始加工时，需要密切观察切削状况，若发生切削异常如切削异响，或机床较大抖动等情况，需要立即降低进给倍率或按"RESET"键中断当前加工，紧急情况下可以直接按下红色急停按钮，机床会立即停止运转。

(4) 开机后，确认润滑、冷却系统马达工作正常后热机 15 min。

(5) 不可两人或多人同时使用/操作机床。

(6) 防止任何刀具或工具在工件上或操作面板上。

(7) 主轴在运转时，应当关闭防护门。

(8) 避免长发或松衣操作机床。

(9) 关机前，主轴回零并取下刀具。

模块 5 CAM 技术

本模块介绍了 CAM 技术的基本概念及其应用，包括其在数控加工中的作用和功能；讲解了数控加工与 CAM 系统的功能和作业过程，以及 CAM 硬件和软件的组成；介绍了 CAM 操作的基本流程和 NX 加工类型；详细介绍了基于 NX 的车削 CAM 加工操作流程，包括车削加工的概述、子类型、粗车外形加工过程；介绍了基于 NX 的五轴铣削加工叶轮 CAM 操作流程，包括打开模型进入加工环境、CNC 五轴叶轮毛坯创建过程、加工前期准备等；最后讲解了程序后置的调用和文件的定义。

5.1 CAM 技术概述

5.1.1 CAM 技术的基本概念

计算机辅助制造 CAM(Computer Aided Manufacturing，CAM)是指在机械制造业中，利用电子数字计算通过各种数字控制机床和设备，自动完成产品的加工、装配、检测和包装等制造过程。CAM 最初的定义是指从产品设计到加工制造之间的一切生产准备活动，包括计算机辅助工艺过程设计、数控编程工时定额的计算、生产计划的制订和资源需求计划的制订等。CAM 的广义概念除了上述最初的定义所包含的所有内容外，还包括制造活动中与物流有关的所有过程(装配、检验、存储，输送的监视、控制和管理)。狭义的 CAM 通常指计算机辅助数控程序的编制，包括刀具路线规划、刀位文件生成、刀具轨迹仿真以及后置处理和 NC(数控)代码生成等作业过程。本书中的 CAM 指的是狭义 CAM。

5.1.2 数控加工与 CAM 技术的发展和应用

1. 数控加工与 CAM 技术的发展

数控加工发展初期，控制程序都是由手工编制的，效率很低。随着数控机床加工的零件越来越复杂，为了提高数控程序的编写效率，美国麻省理工学院设计了一套专门用于机械零件数控加工的自动编程语 APT(Automatically Programmed Tooling，APT)。在这套系统中，人们只对零件的几何形状进行描述，并指定加工路线，由系统自动生成零件数控加工程序。这套 APT 系统几经发展，在 20 世纪 70 年代已经成为数控编程的标准。APT 系统就是最早的 CAM 系统。用 APT 编写的零件加工程序输入计算机，经计算机的 APT 语言编程系统编译产生刀位文件，然后进行数控后置处理，可生成数控系统能接受的零件数控加工程序。自动编程解决了手工编程难以解决的复杂零件的编程问题，减轻了编程的劳动强度，提高了效率和准确性。

随着先进制造技术的不断发展和进步，还可以采用 CAD/CAM 集成系统进行数控编程，它是以待加工零件的 CAD 模型为基础的一种集加工工艺规划及数控编程为一体的自动编程方法。其主要特点是，零件的几何形状可在零件设计阶段采用 CAD/CAM 集成系统的几何设计模块，在图形方式下进行定义、显示和修改，最终得到零件的几何模型。数控编程中的刀具选择，刀具相对于零件表面的运动方式的定义，切削加工参数确定，走刀轨迹的生成，加工过程的动态模拟以及程序验证直到后置处理等，都是通过计算机屏幕菜单及命令驱动，用图形交互和人机对话的方式完成，这种编程方式具有形象、直观、高效和容易掌握等优点。

2. 数控加工与 CAM 技术的应用

CAM(计算机辅助制造)是指利用计算机软件和硬件来辅助实现产品的制造，它在现代制造业中起着至关重要的作用，下面介绍 CAM 技术的广泛应用领域。

数控加工：CAM 技术在数控加工中扮演着重要角色。通过 CAM 软件，可以将设计好的 CAD 模型转化为可执行的数控程序。这些程序能够精确控制机床进行加工操作，包括铣削、车削和钻孔等，实现高效、精确的零件加工。

制造工艺规划：CAM 软件可以帮助制造工程师进行制造工艺规划。通过对产品进行分析和模拟，确定最佳的加工路径，工序顺序和工艺参数，提高生产效率和产品质量。

快速成型和 3D 打印：CAM 技术在快速成型和 3D 打印领域得到广泛应用。通过 CAM 软件，可以将数字模型转化为适合于快速成型设备或 3D 打印机的切片文件，从而实现高效、精确的产品制造。

模具制造：CAM 技术在模具制造过程中起着关键作用。利用 CAM 软件，可以生成模具的加工路径，进行刀具路径优化，实现高效的模具加工。同时，CAM 技术还可以进行模具装配与检查，提高模具的制造质量。

裁剪和缝纫：在纺织和服装工业中，CAM 技术被广泛应用于裁剪和缝纫过程。通过 CAM 软件，可以自动化生成裁剪图案，并通过数控设备实现精确的裁剪操作。此外，CAM 软件还能够指导缝纫机进行自动化缝纫操作。

航空航天和汽车制造：CAM 技术在航空航天和汽车制造领域的应用也非常重要。它能够帮助设计师和工程师进行复杂零部件的加工路径规划、刀具选择和加工参数设定，保证产品的质量和可靠性。

以上是 CAM 技术的一些主要应用领域。通过合理的 CAM 技术应用，可以提高制造过程的效率、精度，保证产品的一致性，进而提升产品的质量和竞争力。

5.1.3　数控加工与 CAM 系统的功能和作业过程

数控编程是实现数控加工的基础和关键，对于复杂零件和需要多坐标联动数控加工的零件，手工编程无法满足数控加工编程的要求。CAD/CAM 集成数控加工自动编程技术，是目前数控编程最为高效可靠的编程方法，可以满足高精度、多轴联动复杂零件的数控加工编程的需要。数控加工利用 CAD 建立产品模型，由 CAM 系统自动生成刀位数据文件，并在系统中通过计算机模拟数控程序的加工过程，观察加工效果，验证数控代码的可行性和安全性。数控加工模拟仿真通常有加工轨迹仿真，工件、刀具、机床的碰撞和干涉检验等，在仿真确认无误后通过后置处理得到数控机床的加工程序。通过这个过程，可以避免现场调试带来的人力、物力的投入及加工设备损坏，从而减少制造费用，缩短产品设计周期。数控加工作业过程可以分为五步，如图 5.1 所示。

(1) 零件几何信息的描述。利用 CAD/CAM 系统软件对零件进行几何造型，形成零件的三维几何信息。

(2) 加工工艺参数的确定。根据零件的几何信息(三维模型)，确定零件的加工工艺参数及被加工面等信息。通过 CAM 系统提供的交互界面，将这些信息输入计算机内。加工工艺参数包括加工方法、刀具参数、切削用量等。被加工面信息输入包括选择被加工面，或被加工面的边界、进刀退刀方式和进给路线等。

(3) 刀具轨迹生成。根据几何信息和工艺信息，CAM 系统将自动进行有关数据的计算，生成刀具轨迹，并将相关信息分别保存在零件的轮廓数据文件、刀位数据文件及工艺参数文件中。它们是系统自动生成 NC 代码和仿真加工的基础。

(4) 刀具轨迹仿真与编辑。刀具轨迹仿真可验证刀具轨迹的合理性，如有错误和缺陷，可以对刀具轨迹进行一定的编辑，包括刀具轨迹的裁剪、分割、连接、转置、反向，刀位点的增加、删除、修改与均匀化等。

(5) 数控程序的产生——后置处理。将编辑好的刀位文件转换成特定机床数控系统能执行的数控程序单，这些程序单可以直接输入到数控机床中，用于控制数控机床加工零件。

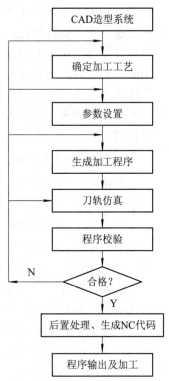

图 5.1   数控加工过程

5.1.4   数控加工与 CAM 硬件与软件

数控加工与 CAM 软件系统由系统软件、支撑软件和应用软件等组成。随着数控加工与 CAM 系统功能的不断完善和提升，软件成本在整个系统中所占的比重越来越大，目前一些高端软件的价格已经远远高于硬件系统的价格。

系统软件是用户与计算机硬件连接的纽带，是使用、控制、管理计算机运行的程序集合。系统软件有两个显著的特点：一是通用性，不同应用领域的用户都需要使用系统软件；二是基础性，即支撑软件和应用软件都需要在系统软件的支持下运行。系统软件一般包括操作系统、窗口系统和网络管理系统等。操作系统通常由计算机制造商或软件公司开发，如我们比较熟悉的 Window 系统、Unnix 系统、Linux 系统等。

支撑软件是数控加工与 CAM 系统的重要部分，一般由商业软件公司开发。这类软件不针对具体的应用对象，而是为某一应用领域的用户提供工具或开发环境。支撑软件一般具有较好的数据交换性能、软件集成性能和二次开发性能。

根据支撑软件的功能，可分为功能单一型和功能集成型软件。功能单一型支撑软件只提供 CAD/CAE/CAM 系统中某些典型过程的功能，如交互式绘图软件、三维几何建模软件、工程计算与分析软件、数控编程软件等。功能集成型支撑软件提供了设计、分析、造型、数控编程及加工控制等综合功能模块。目前功能集成型支撑软件已经商品，具有代表性的软件有：

1) Siemens NX

Siemens NX 是一个交互式的计算机辅助设计、辅助制造、辅助工程 (CAD/CAM/CAE) 的大型一体化软件系统之一，广泛应用于机械、汽车、飞机、电器、化工等各个行业的产品设计、制造与分析领域。

2) CATIA

CATIA 是法国达索公司研制的三维几何造型软件，具有工程绘图、数控加工编程、计算分析等方面功能。可以方便地实现二维元素与三维元素之间的转换，还可以进行平面或空间机构运动学方面的模拟和分析。

3) Pro/ E

Pro/E 是美国 PTC 公司开发的机械设计自动化软件，包含了多个专用功能模块，如特征造型、产品数据管理(PDM)、有限元分析、装配等，是最早较好实现参数化设计功能的软件。

4) CimatronE

CimatronE 是以色列公司面对工模具行业集成的 CAD/CAM 一体化解决方案。

5) SolidWorks

SolidWorks 是美国 SolidWorks 公司推出的小型 CAD/CAM 系统，采用著名的 Parasolid 为造型引擎，其主要功能可以与大型 CAD/CAM 系统相媲美。

6) AutoCAD MDT

AutoCAD MDT 是美国 Autodesk 公司推出的 CAD 系统，AutoCAD 在我国二维 CAD 市场多年来一直占有相当份额，MDT 则是一种集成化的微机版 CAD 系统。它具有特征造型、约束装配和曲面造型能力，且与 AutoCAD 完全集成。由于 AutoCAD 和 MDT 对设备资源要求不高，费用也不高，因此易于普及。

7) Mastercam

Mastercam 是美国的 CNC Software 公司开发的基于 PC 平台的 CAD /CAM 系统，它对硬件要求不高，并且操作灵活、易学易用，具有良好的价格性能比。

8) CAXA 系列软件

CAXA 系列软件是北京北航海尔软件公司的系列产品。该公司开发研制的 CAD/CAM 系列产品有二维和三维电子图板、注塑模具设计系统、线切割系统、CAXA 制造工程等，在国内有一定的市场份额。

应用软件是为用户解决实际问题或特定领域而开发的程序。应用程序是在系统软件和支撑软件基础上，利用支撑软件提供的二次开发接口、工具，或利用高级语言针对特定问题开发的用户程序。应用程序的开发常常与支撑软件紧密结合，利用支撑软件的二次开发工具实现。如可以利用 NX 系统的 NX Open 二次开发工具，开发冲压模具的设计软件、压力容器的设计软件、液压系统的设计软件等。

5.2   数控加工 CAM 操作的基本流程

5.2.1   CAM 操作的基本流程

利用 CAM 软件进行自动编程的工作流程如图 5.2 所示。首先在编程前需要对零件造型，如果是 CAD/CAM 一体化的软件，可直接在该软件中造型，若是在其他造型软件中造型，则需要通过通用的图形转换接口(IGES\STEP\DXF)将造型结果读取到 CAM 软件中；其次分析工艺，制定相应的加工方案；然后按照相应的加工方案，选择合适的加工方法、加工部位和加工刀具、设定工艺参数、对生成的刀具路径进行仿真模拟，并根据结果修改加工参数；刀具路径生成正确后，进行后置处理生成对应数控系统的程序文件，手工修改与机床不适应的代码；最后根据所生成的程序文件大小，利用通信软件 CNC 或 DNC 传输到数控机床，完成数控加工。

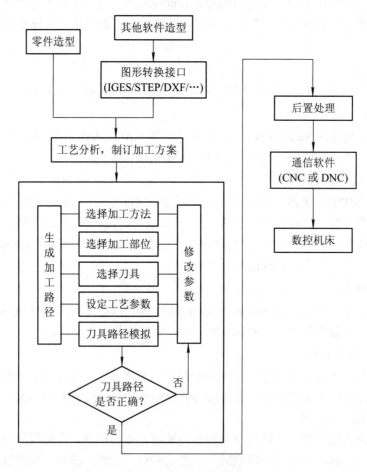

图 5.2   CAM 工作流程

5.2.2　NX 加工类型

NX 加工类型有点位加工、铣削加工、车削加工、线切割加工和车铣复合加工等。

1) 点位加工

点位加工(drill)可产生钻孔、扩孔、镗孔、铰孔和攻丝等操作的刀具路径，也可用于电焊和铆接等。加工中用点作为驱动几何体，选择不同的固定循环进行加工。

2) 铣削加工

铣削加工(mill)是最常用也是最重要的加工方式之一。根据加工表面形状可分为平面铣和轮廓铣。根据在加工过程中机床主轴相对于工作位置是否改变，可分为固定轴铣和变轴铣。固定轴铣又可分为平面铣、型腔铣和固定曲面轮廓铣；变轴铣可分为可变轴曲面轮廓铣和顺序铣。

3) 车削加工

车削加工(turning)分为粗车、精车、车槽、车螺纹和钻孔等类型。

4) 线切割加工

线切割加工(wire EDM)是通过电极丝放电切除工件的材料。在线切割加工中，切除材料的刀具是电极丝，可用 2～5 轴加工，不受工件材料影响。

5) 车铣复合加工

车铣复合加工(turning_mill)模块可以生成多功能车铣复合加工中心的程序，并进行轨迹的仿真模拟。

5.3　基于 NX 的车削 CAM 加工操作流程

5.3.1　车削加工概述

车削加工是机加工中最为常用的加工方法之一，用于加工回转体的表面。由于科学技术的进步和提高生产率的需要，用于车削作业的机械设备得到了飞速发展。新的车削设备在自动化、高效性的需求下，以及与铣削和钻孔原理结合的普遍应用中得到了迅速发展。在 NX 中，用户通过"车削"模块的工序导航器，可以方便地管理加工操作方法及参数。例如，在工序导航器中，可以创建粗加工、精加工、示教模式、中心线钻孔和攻螺纹等操作方法，加工参数(如主轴定义、工件几何体、加工方式和刀具等)则按组指定。这些参数在操作方法中共享，其他参数在单独的操作中定义。当完成整个加工程序时，处理中的工件将跟踪计算，并以图形方式显示所有移除材料后所剩余的材料。

5.3.2　车削加工的子类型

数控车削加工用于加工各种回转体类零件，如轴类零件、套类零件、盘类零件等。主要的加工工序有钻中心孔、钻孔、车外圆、车端面、镗孔、切槽、车螺纹和攻螺纹等。NX中提供了强大的数控车削加工模块，能够实现各种复杂回转类零件的数控加工编程。进入加工模块后，选择区域中的【创建工序】命令，系统弹出图 5.3 所示的【创建工序】对话框。在"创建工序"对话框的【类型】下拉列表中选择【turning】选项。此时，对话框中出现车削加工的各种子类型。

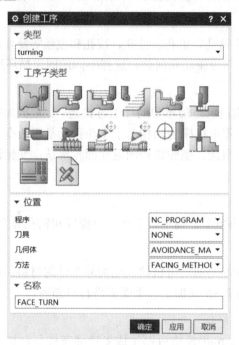

图 5.3 "创建工序"对话框

5.3.3 粗车外形加工

粗加工功能包含去除大量材料的许多切削技术。粗车外形加工指切削刀具刚开始接触工件时的第一道加工，主要是为了去除工件的大部分余料和粗糙度，使其达到一定的精度和尺寸要求。图 5.4 为零件粗车外形加工的一般步骤。

(a) 部件几何体　　　　(b) 毛坯几何体　　　　加工过程　　　　(c) 加工结果

图 5.4 粗车外形加工

任务 1 打开模型文件并进入加工模块

步骤 1：打开所需文件。

步骤 2：在【应用模块】功能选项卡【加工】区域单击按钮，系统弹出【加工环境】对话框，在【加工环境】对话框的【要创建的 CAM 组装】列表框中选择【turning】选项，单击【确定】按钮，进入加工环境。

任务 2 创建几何体

★ 目标 1 创建机床坐标系。

步骤 1：在工序导航器中调整到几何视图状态，双击节点【MMCS_MAIN_SPINDLE】，系统弹出"MCS 主轴"对话框，如图 5.5 所示。

步骤 2：在图形区观察机床坐标系方位，若无须调整，在"MCS 主轴"对话框中单击【确定】按钮，完成坐标系的创建，如图 5.6 所示。

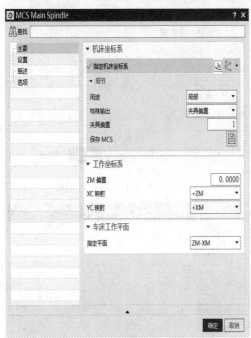

图 5.5 "MCS 主轴"对话框

图 5.6 创建坐标系

★ 目标 2 创建部件几何体。

步骤 1：在工序导航器中双击【MCS_SPINDLE】节点下的【WORKPIECE】，系统弹出如图 5.7 所示的"工件"对话框。

步骤 2：单击 按钮，系统弹出"部件几何体"对话框，选取整个零件为部件几何体。

步骤 3：依次单击"部件几何体"对话框和"工件"对话框中的【确定】按钮，完成部件几何体的创建。

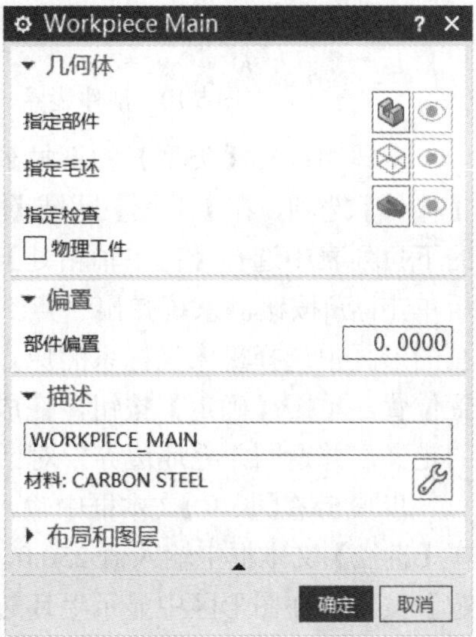

★ 目标 3 创建毛坯几何体。

步骤 1：在工序导航器中的几何视图状态下双击【WORKPIECE】节点下的【TURNING_WORKPIECE】子节点，系统弹出如图 5.8 所示的"车削工件"对话框。

步骤 2：单击【指定部件边界】右侧 的按钮，系统弹出如图 5.9 所示的"部件边界"对话框。此时系统会自动指定部件边界，并在图形区显示，如图 5.10

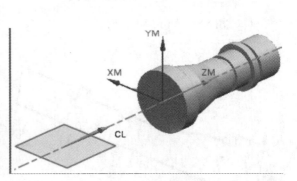

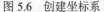

图 5.7 "工件"对话框

所示，单击【确定】按钮完成部件边界的定义。

步骤 3：单击"车削工件"对话框中的"指定毛坯边界"按钮，系统弹出"毛坯边界"对话框，如图 5.11 所示。

图 5.8   "车削工件"对话框

图 5.9   "部件边界"对话框

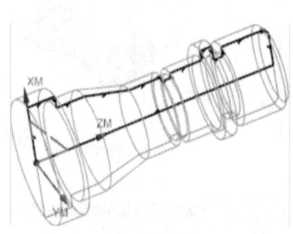

图 5.10   部件边界

图 5.11   "毛坯边界"对话框

步骤 4：在【类型】的下拉列表中选择【棒材】选项，在【毛坯】区域【安装位置】的下拉列表中选择【在主轴箱处】选项，然后单击[点]按钮，系统弹出"点"对话框，在图形区中选择机床坐标系的原点为毛坯放置位置，单击【确定】按钮，完成安装位置的定义，并返回"毛坯边界"对话框。

步骤 5：在【长度】文本框中输入值 530.0，在【直径】文本框中输入值 250.0，单击【确定】按钮，在图形区中显示毛坯边界，如图 5.12 所示。

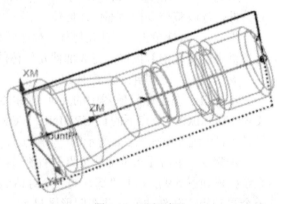

图 5.12   毛坯边界

步骤 6：单击"车削工件"对话框中的【确定】按钮，完成毛坯几何体的定义。

图 5.11 所示的"毛坯边界"对话框中的各选项说明如下：

棒材：如果加工部件的几何体是实心的，则选择此选项。

管材：如果加工部件带有中心线钻孔，则选择此选项。

曲线：通过从图形区定义一组曲线边界来定义旋转体形状的毛坯。

工作区：从工作区中选择一个毛坯，这种方式可以选择上步加工后的工件作为毛坯。

安装位置：用于确定毛坯相对于工件的放置方向。若选择【在主轴箱处】选项，则毛坯将沿坐标轴在正方向放置；若选择【远离主轴箱】选项，则毛坯沿坐标轴的负方向放置。

⋯ 按钮：用于设置毛坯相对于工件的位置参考点。如果选取的参考点不在工件轴线上，系统会自动找到该点在轴线上的投射点，然后将杆料毛坯一端的圆心与该投射点对齐。

任务 3 创建 1 号刀具

步骤 1：选择"创建刀具"命令，系统弹出"创建刀具"对话框。

步骤 2：在如图 5.13 所示的"创建刀具"对话框的【类型】下拉列表中选择【turning】选项，在【刀具子类型】区域中单击【OD_80_L】按钮，在【位置】区域的【刀具】下拉列表中选择【GENERIC_MACHINE】选项，采用系统默认的名称，单击【确定】按钮，系统弹出"车刀-标准"对话框，如图 5.14 所示。

步骤 3：单击【工具】选项卡，设置如图 5.14 所示的参数。

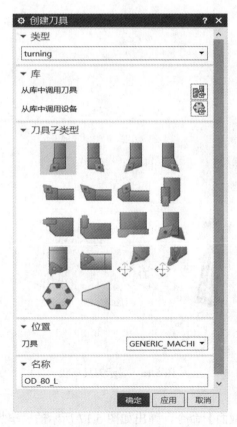

图 5.13 "创建刀具"对话框

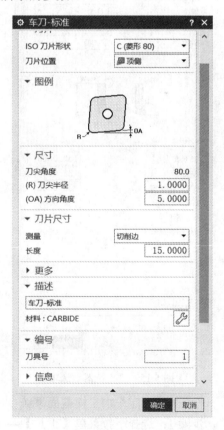

图 5.14 "车刀-标准"对话框

图 5.15 所示的"车刀-标准"对话框中的各选项卡说明如下：

【工具】选项卡：用于设置车刀的刀片，常见车刀刀片按 ISO、ANSI、DIN 或刀具厂商标准划分。

【夹持器】选项卡：用于设置车刀夹持器的参数。

【跟踪】选项卡：用于设置跟踪点。系统使用刀具上的参考点来计算刀轨，这个参考点被称为跟踪点。跟踪点与刀具的拐角半径相关联。当用户选择跟踪点时，车削处理器将使用关联拐角半径来确定切削区域、碰撞检测、刀轨和处理中的工件，并定位到避让几何体。

【更多】选项卡：用于设置车刀其他参数。

步骤 4：单击【夹持器】选项卡，选中【使用车刀夹持器】复选框，采用系统默认的参数设置值，如图 5.15 所示，调整到静态线框视图状态，显示出刀具的形状，如图 5.16 所示。

步骤 5：单击【确定】按钮，完成刀具的创建。

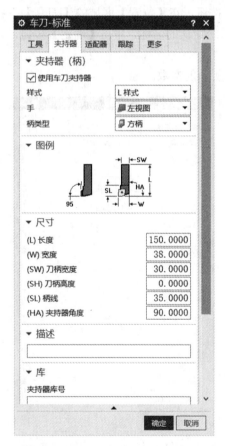

图 5.15 "夹持器"选项卡

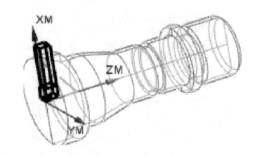

图 5.16 显示刀具形状

任务 4 指定车加工横截面系统

步骤 1：选择下拉菜单【工具】→【车加工截面】命令，弹出如图 5.17 所示的"车加工横截面"对话框。

步骤 2：单击【选择步骤】区域中的"体"按钮，在图形区中选取零件模型。

步骤 3：单击【选择步骤】区域中的"剖切平面"按钮，确认"简单截面"按钮被按下。

步骤 4：单击【确定】按钮，完成车加工横截面的定义，结果如图 5.18 所示，然后单击【取消】按钮。

说明：车加工横截面是通过定义截面，从实体模型创建 2D 横截面曲线。这些曲线可以在所有车削中用来创建边界。横截面曲线是关联曲线，这意味着如果实体模型的大小或形状发生变化，则该曲线也将发生变化。

图 5.17　"车加工横截面"对话框

图 5.18　定义加工横截面

任务 5　创建车削操作 1

★ 目标 1　创建工序。

步骤 1：选择区域中的"创建工序"命令，系统弹出"创建工序"对话框。

步骤 2：在如图 5.19 所示的"创建工序"对话框的【类型】下拉列表中选择【turning】选项，在【工序子类型】区域中单击"粗车"按钮，在【程序】下拉列表中选择【PROGAM】选项，在【刀具】下拉列表中选择【0D_80_L(车刀-标准)】选项，在【几何体】下拉列表中选择【TURNING_WORKPIECE】选项，采用系统默认的名称。

步骤 3：单击"创建工序"对话框中的【确定】按钮，系统弹出如图 5.20 所示的"粗车"对话框。

★ 目标 2　显示切削区域。

单击"粗车"对话框【切削区域】右侧的"显示"按钮，在图形区中显示出切削区域，如图 5.21 所示。

★ 目标 3　设置切削参数。

步骤 1：在"粗车"对话框【刀轨设置】区域的【切削深度】下拉列表中选择【恒定】选项，在【最大距离】文本框中输入值 3.0。

步骤 2：单击"粗车"对话框中的【轮廓加工】区域，选中【附加轮廓加工】复选框，如图 5.22 所示。

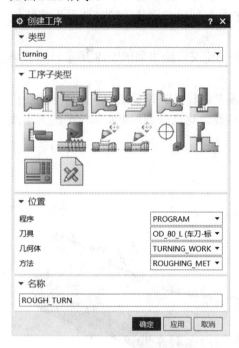

图 5.19　"创建工序"对话框

图 5.20　"粗车"对话框

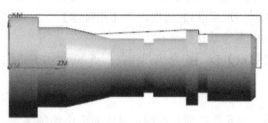

图 5.21　切削区域

图 5.22　"附加轮廓加工"复选框

步骤 3：设置切削参数。

(1) 单击"粗车"对话框中的"余量、公差和安全距离"按钮，然后在【公差】区域的【内公差】和【外公差】文本框中均输入值 0.01，其他参数采用系统默认设置值，如图 5.23 所示。

(2) 选择【轮廓加工】选项卡，在【策略】下拉列表中选择【全部精加工】选项，其他参数采用系统默认设置值，如图 5.24 所示，单击【确定】按钮回到"粗车"对话框。

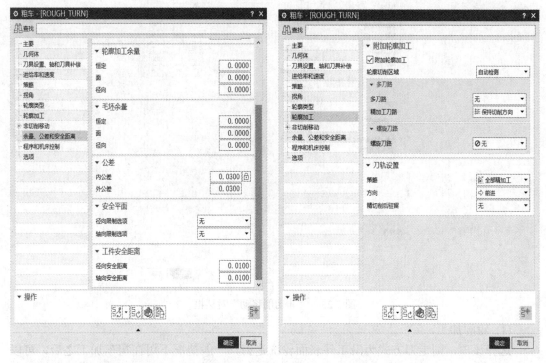

图 5.23 "余量"选项卡　　　　图 5.24 "轮廓加工"选项卡

图 5.24 所示的"轮廓加工"选项卡中的部分选项说明如下。

(1) "全部精加工"：所有表面都进行加工。

(2) "仅向下"：只加工垂直于轴线方向的区域。

(3) "仅周面"：只对圆柱面区域进行加工。

(4) "仅面"：只对端面区域进行加工。

(5) "首先周面，然后面"：先加工圆柱面区域，然后对端面进行加工。

(6) "首先面，然后周面"：先加工端面区域，然后对圆柱面进行加工。

(7) "指向拐角"：从端面和圆柱面向夹角进行加工。

(8) "离开拐角"：从夹角向端面和圆柱面进行加工。

★ 目标 4　设置非切削参数。

单击"粗车"对话框中的"非切削移动"按钮，系统弹出图 5.25 所示的"非切削移动"对话框。在【进刀】选项卡【轮廓加工】区域的【进刀类型】下拉列表中选择【圆弧-自动】选项，其他参数采用系统默认的设置值，然后单击【确定】按钮返回到"粗车"对话框。

图 5.25 所示的"非切削移动"对话框的"进刀"选项卡中的部分选项说明如下：

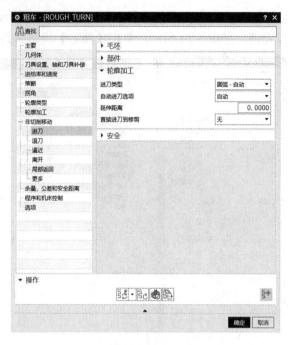

图 5.25 "非切削移动"对话框

(1) 轮廓加工。

选择该项，则走刀方式为沿工件表面轮廓走刀，一般情况下用在粗车加工之后，可以提高粗车加工的质量。进刀类型包括：圆弧-自动、线性-自动、线性-增量、线性、线性-相对于切削、点六种方式。

圆弧-自动：使刀具沿光滑的圆弧、曲线切入工件，从而不产生刀痕，这种进刀方式十分适合精加工或加工表面质量较高的曲面，如图 5.26 所示。

线性-自动：这种进刀方式使刀具沿工件，或毛坯的起始点到终止点的方向，以直线方式进刀，如图 5.27 所示。

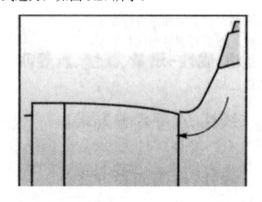

图 5.26 圆弧-自动

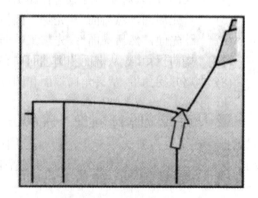

图 5.27 线性-自动

线性-增量：这种进刀方式通过用户指定 X 值和 Y 值来确定进刀位置及进刀方向，如图 5.28 所示。

线性：这种进刀方式通过用户指定角度值和距离值来确定进刀位置及进刀方向，如图

5.29 所示。

线性-相对于切削：这种进刀方式通过用户指定角度值和距离值，来确定进刀方向和刀具的起始点，如图 5.30 所示。

点这种方式需要指定进刀的起始点来控制进刀运动，如图 5.31 所示。

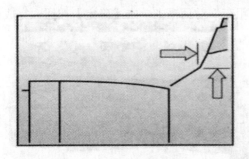

图 5.28　线性-增量

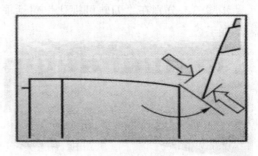

图 5.29　线性

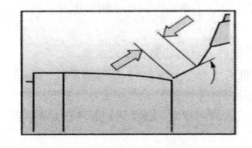

图 5.30　线性-相对于切削

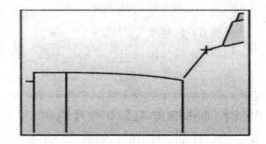

图 5.31　点

(2) 毛坯。

选择该项，则走刀方式为"直线方式"，走刀的方向平行于轴线，进刀的终止点在毛坯表面。进刀类型包括：线性-自动、线性-增量、线性、点、两个圆周五种方式。

(3) 部件。

选择该项，则走刀方式为平行于轴线的直线走刀，进刀的终止点在工件的表面。进刀类型包括：线性-自动、线性-增量、线性、点、两点相切五种方式。

(4) 安全。

选择该项，则走刀方式为平行于轴线的直线走刀。一般情况下用于精加工，可以防止进刀时刀具划伤工件的加工区域。进刀类型包括：线性-自动、线性-增量、线性、点四种方式。

(5) 插铣。

此选项的进刀类型包括：线性-自动、线性-增量、线性、点四种方式。

(6) 初始插铣。

此选项的进刀类型包括：线性-自动、线性-增量、线性、点四种方式。

任务 6　生成刀路轨迹

步骤 1：单击"粗车"对话框中的"生成"按钮，生成刀路轨迹如图 5.32 所示。

步骤 2：在图形区通过旋转、平移、放大视图，再单击"重播"按钮重新显示路径，可以从不同角度对刀路轨迹进行查看，以判断其路径是否合理。

任务 7　3D 动态仿真

步骤 1：在"粗车"对话框中单击【确认】按钮，弹出"刀轨可视化"对话框。

步骤 2：单击【3D 动态】选项卡，采用系统默认的参数设置值，调整动画速度后单击"播放"按钮，观察 3D 动态仿真加工，加工后的结果如图 5.33 所示。

步骤 3：分别在"刀轨可视化"对话框和"粗车"对话框中单击【确定】按钮，完成粗车加工。

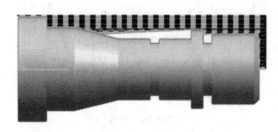

图 5.32　刀路轨迹

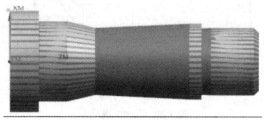

图 5.33　3D 动态仿真结果

任务 8　创建 2 号刀具

步骤 1：选择区域中的"创建刀具"命令，系统弹出"创建刀具"对话框。

步骤 2：在图 5.34 所示的"创建刀具"对话框的【类型】下拉列表中选择【turning】选项，在【刀具子类型】区域中单击 OD_55_R 按钮，在【位置】区域的【刀具】下拉列表中选择【GENERIC_MACHINE】选项，采用系统默认的名称，单击【确定】按钮，系统弹出"车刀-标准"对话框，如图 5.35 所示。

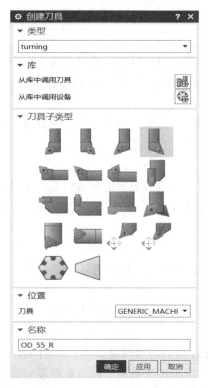

图 5.34　"创建刀具"对话框

图 5.35　"车刀-标准"对话框

步骤 3：设置如图 5.35 所示的参数，并单击【夹持器】选项卡，选中【使用车刀夹持器】复选框，其他采用系统默认的参数设置值，单击【确定】按钮，完成 2 号刀具的创建。

任务 9 创建车削操作 2

★ 目标 1 创建工序。

步骤 1：选择区域中的"创建工序"命令，系统弹出"创建工序"对话框，如图 5.36 所示。

步骤 2：在【类型】下拉列表中选择【turning】选项，在【工序子类型】区域中单击"退刀粗车"按钮，在【程序】下拉列表中选择【PROGRAM】选项，在【刀具】下拉列表中选择【OD_55_R(车刀-标准)】选项，在【几何体】下拉列表中选择【TURNING_WORKPIECE】选项，采用系统默认的名称。

步骤 3：单击"创建工序"对话框中的【确定】按钮，系统弹出如图 5.37 所示的"退刀粗车"对话框。

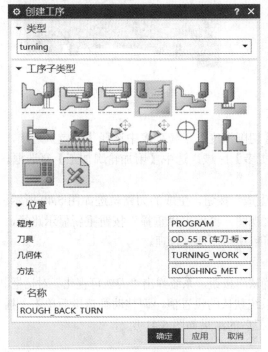

图 5.36 "创建工序"对话框

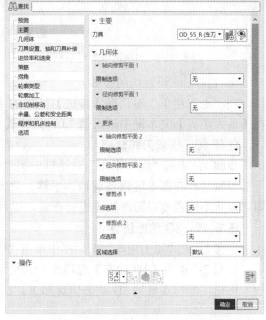

图 5.37 "退刀粗车"对话框

★ 目标 2 指定切削区域。

步骤 1：单击"退刀粗车"对话框中的"主要"按钮，系统弹出如图 5.38 所示的"切削区域"对话框。

步骤 2：在【径向修剪平面 1】区域的【限制选项】下拉列表中选择【点】选项，在图形区中选取如图 5.38 所示的边线的端点，单击"显示"按钮，显示切削区域，如图 5.39 所示。

步骤 3：单击【确定】按钮，系统返回到"退刀粗车"对话框。

图 5.38　"切削区域"对话框

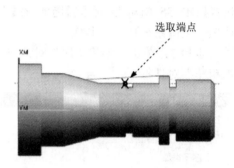

图 5.39　显示切削区域

★ 目标 3　设置切削参数。

在"退刀粗车"对话框【步进】区域的【切削深度】下拉列表中选择【恒定】选项，在【最大距离】文本框中输入值 3.0，选中【更多】区域，选中【附加轮廓加工】复选框。

任务 10　生成刀路轨迹

步骤 1：单击"退刀粗车"对话框中的"生成"按钮，生成的刀路轨迹如图 5.40 所示。

步骤 2：在图形区通过旋转、平移、放大视图，再单击"重播"按钮重新显示路径，即可以从不同角度对刀路轨迹进行查看，以判断其路径是否合理。

任务 11　3D 动态仿真

步骤 1：在"退刀粗车"对话框中单击"确认"按钮，系统弹出"刀轨可视化"对话框。

步骤 2：单击【3D 动态】选项卡，采用系统默认的设置值，调整动画速度后单击"播放"按钮，即可观察到 3D 动态仿真加工，加工后的结果如图 5.41 所示。

图 5.40　刀路轨迹

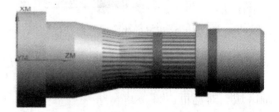

图 5.41　3D 动态仿真结果

步骤 3：分别在"刀轨可视化"对话框和"退刀粗车"对话框中单击【确定】按钮，完成粗车加工。

任务 12　保存文件

选择下拉菜单【文件】→【保存】命令，保存文件。

5.3.4　车削加工综合范例

本范例讲述的是一个轴类零件的综合车削加工过程，如图 5.42 所示，其中包括车端面、粗车外形和精车外形等加工内容。在学完本节后，希望读者能够举一反三，灵活运用前面介绍的车削操作，熟练掌握 NX 中车削加工的各种方法。下面介绍该零件车削加工的操作步骤。

(a) 部件几何体　　　　(b) 毛坯几何体　　　　(c) 加工结果

图 5.42　车削加工

任务 1　打开模型文件并进入加工模块

打开所需加工零件的文件，系统自动进入加工环境。

说明：模型文件中已经创建了相关的几何体，创建几何体的具体操作步骤可参见前面的示例。

任务 2　创建刀具 1

步骤 1：选择区域中的"创建刀具"命令，系统弹出"创建刀具"对话框。

步骤 2：在【类型】下拉列表中选择【turning】选项，在【刀具子类型】区域中单击 OD_80_L 按钮，在【名称】文本框中输入 OD_80_L，单击【确定】按钮，系统弹出"车刀-标准"对话框(一)，如图 5.43 所示。

步骤 3：设置如图 5.43 所示的参数。

步骤 4：单击【夹持器】选项卡，选中【使用车刀夹持器】复选框，在"车刀-标准"对话框(二)中设置如图 5.44 所示的参数。

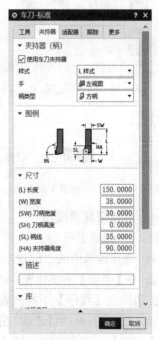

图 5.43　"车刀-标准"对话框(一)　　　　图 5.44　"车刀-标准"对话框(二)

步骤 5：单击【确定】按钮，完成刀具 1 的创建。

任务 3　创建刀具 2

步骤 1：选择区域中的"创建刀具"命令，系统弹出"创建刀具"对话框。

步骤 2：在【类型】下拉列表中选择【turning】选项，在【刀具子类型】区域中单击"OD_55_L"按钮，在【名称】文本框中输入 OD_35_L，如图 5.45 所示。

步骤 3：单击【确定】按钮，系统弹出如图 5.46 所示的"车刀-标准"对话框。

步骤 4：单击【夹持器】选项卡，选中【使用车刀夹持器】复选框，在"车刀-标准"对话框(四)中设置如图 5.46 所示的参数。

步骤 5：单击【确定】按钮，完成刀具 2 的创建。

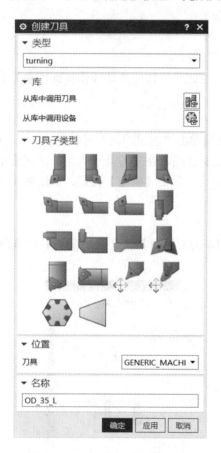

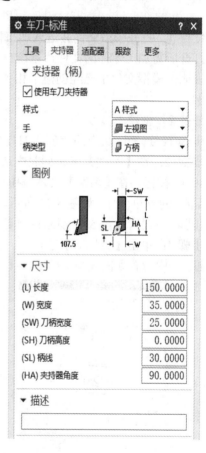

图 5.45　"车刀-标准"对话框(三)　　　　图 5.46　"车刀-标准"对话框(四)

任务 4　创建车端面操作

★ 目标 1　创建工序。

步骤 1：选择区域中的"创建工序"命令，系统弹出"创建工序"对话框。

步骤 2：在【类型】下拉列表中选择【turning】选项，在【工序子类型】区域中单击"平面车削"按钮，在【程序】下拉列表中选择【PROGRAM】选项，在【刀具】下拉列表中选择【OD_80_L(车刀-标准)】选项，在【几何体】下拉列表中选择【TURNING_WORKPIECE】选项，在【方法】下拉列表中选择【LATHE_FINISH】选项。

步骤 3：单击【确定】按钮，系统弹出"面加工"对话框。

★ 目标 2　设置切削区域。

步骤 1：单击"面加工"对话框【主要】按钮。

步骤 2：在【轴向修剪平面】区域的【限制选项】下拉列表中选择【点】选项，在图形区中选取如图 5.47 所示的端点，单击"显示"按钮，显示出切削区域如图 5.47 所示。

步骤 3：单击【确定】按钮，系统返回到"面加工"对话框。

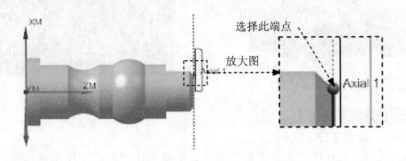

图 5.47　显示切削区域

★ 目标 3　设置非切削移动参数。

步骤 1：单击"面加工"对话框中的"非切削移动"按钮，系统弹出"非切削移动"对话框。

步骤 2：选择【逼近】选项卡，然后在【出发点】区域的【点选项】下拉列表中选择【指定】选项，在模型上选取图 5.48 所示的出发点。

步骤 3：选择【离开】选项卡，在【离开刀轨】区域的【刀轨选项】下拉列表中选择【点】选项，采用系统默认参数设置值，在图形区选取如图 5.48 所示的离开点。

步骤 4：单击【确定】按钮，完成非切削移动参数的设置。

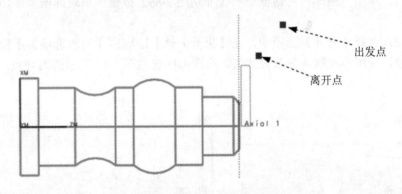

图 5.48　设置出发点和离开点

★ 目标 4　生成刀路轨迹并 3D 仿真。

步骤 1：单击"面加工"对话框中的"生成"按钮，生成刀路轨迹，如图 5.49 所示。

步骤 2：单击"面加工"对话框中的"确认"按钮，系统弹出"刀轨可视化"对话框。

步骤 3：单击【3D 动态】选项卡，采用系统默认的参数设置值，调整动画速度后单击

"播放"按钮，即可观察到 3D 动态仿真加工，加工后的结果如图 5.50 所示。

步骤 4：分别在"刀轨可视化"对话框和"面加工"对话框中单击【确定】按钮，完成车端面加工。

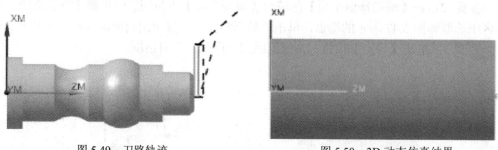

图 5.49　刀路轨迹　　　　图 5.50　3D 动态仿真结果

任务 5　创建粗车操作 1

★ 目标 1　创建工序。

步骤 1：选择区域中的"创建工序"命令，系统弹出"创建工序"对话框。

步骤 2：在【类型】下拉列表中选择【turning】选项，在【工序子类型】区域中单击【粗车】按钮，在【程序】下拉列表中选择【PROGRAM】选项，在【刀具】下拉列表中选择【0D_80_L(车刀-标准)】选项，在【几何体】下拉列表中选择【TURNING_WORKPIECE】选项，在【方法】下拉列表中选择【LATHE_ROUGH】选项，采用系统默认的名称。

步骤 3：单击【确定】按钮，系统弹出"粗车"对话框。

★ 目标 2　显示切削区域。

单击"粗车"对话框【切削区域】右侧的"显示"按钮，在图形区中显示出切削区域，如图 5.51 所示。

★ 目标 3　设置非切削参数。

步骤 1：单击"粗车"对话框中的【非切削移动】按钮，系统弹出"非切削移动"对话框。

步骤 2：选择【离开】选项卡，在【离开刀轨】区域的【刀轨选项】下拉列表中选择【点】选项，采用系统默认参数设置值，在图形区选取图 5.52 所示的离开点。

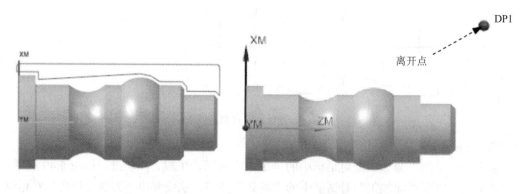

图 5.51　显示切削区域　　　　图 5.52　设置离开点

步骤 3：单击【确定】按钮，完成非切削参数的设置。

★ 目标 4　生成刀路轨迹并 3D 仿真。

步骤 1：单击"粗车"对话框中的"生成"按钮，生成刀路轨迹，如图 5.53 所示。

步骤 2：单击"粗车"对话框中的"确认"按钮，系统弹出"刀轨可视化"对话框。

步骤 3：单击【3D 动态】选项卡，采用系统默认的参数设置值，调整动画速度后单击"播放"按钮，即可观察到 3D 动态仿真加工，加工后的结果如图 5.54 所示。

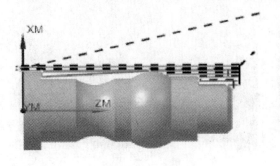

图 5.53　刀路轨迹

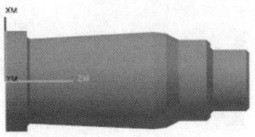

图 5.54　3D 动态仿真结果

步骤 4：分别在"刀轨可视化"对话框和"粗车"对话框中单击【确定】按钮，完成粗车加工 1。

任务 6　创建粗车操作 2

★ 目标 1　创建工序。

步骤 1：选择区域中的"创建工序"命令，系统弹出"创建工序"对话框。

步骤 2：在【类型】下拉列表中选择【turning】选项，在【工序子类型】区域中单击"粗车"按钮，在【程序】下拉列表中选择【PROGRAM】选项，在【刀具】下拉列表中选择【0D_35_L(车刀-标准)】选项，在【几何体】下拉列表中选择【TURNING_WORKPIECE】选项，在【方法】下拉列表中选择【LATHE_ROUGH】选项，采用系统默认的名称。

步骤 3：单击【确定】按钮，系统弹出"粗车"对话框。

★ 目标 2　显示切削区域。

单击"粗车"对话框【切削区域】右侧的"显示"按钮，在图形区中显示出切削区域，如图 5.55 所示。

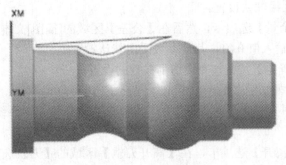

图 5.55　显示切削区域

★ 目标 3   生成刀路轨迹并 3D 仿真。

步骤 1：单击"粗车"对话框中的"生成"按钮，生成刀路轨迹如图 5.56 所示。

步骤 2：单击"粗车"对话框中的"确认"按钮，系统弹出"刀轨可视化"对话框。

步骤 3：单击【3D 动态】选项卡，采用系统默认的参数设置值，调整动画速度后单击"播放"按钮，即可观察到 3D 动态仿真加工，加工后的结果如图 5.57 所示。

步骤 4：分别在"刀轨可视化"对话框和"粗车"对话框中单击【确定】按钮，完成粗车加工 2。

图 5.56   刀路轨迹

图 5.57   3D 动态仿真结果

任务 7   创建外径精车操作

★ 目标 1   创建工序。

步骤 1：选择区域中的"创建工序"命令，系统弹出"创建工序"对话框。

步骤 2：在【类型】下拉列表中选择【turning】选项，在【工序子类型】区域中单击"外径精车"按钮，在【程序】下拉列表中选择【PROGRAM】选项，在【刀具】下拉列表中选择【0D_35_L(车刀-标准)】选项，在【方法】下拉列表中选择【TURNING_WORKPIECE】选项，在【方法】下拉列表中选择【LATHE_FINISH】选项。

步骤 3：单击【确定】按钮，系统弹出"外径精车"对话框。

★ 目标 2   显示切削区域。

单击"外径精车"对话框【切削区域】右侧的"显示"按钮，在图形区中显示出切削区域，如图 5.58 所示。

★ 目标 3   设置切削参数。

步骤 1：单击"外径精车"对话框中的"切削参数"按钮，系统弹出"切削参数"对话框，选择【策略】选项卡，然后在【刀具安全角】区域的【第一条切削边】文本框中输入值 0.0，其他参数采用默认设置。

步骤 2：选择【余量】选项卡，然后在【公差】区域的[插图]文本框中输入值 0.01，在【外公差】文本框中输入值 0.01，其他参数采用默认设置值。

步骤 3：单击【确定】按钮，完成切削参数的设置。

★ 目标 4   设置非切削参数。

步骤 1：单击"外径精车"对话框中的"非切削移动"按钮，系统弹出"非切削移动"对话框。

步骤 2：选择【离开】选项卡，在【离开刀轨】区域的【刀轨选项】下拉列表中选择【点】选项，在图形区选取图 5.59 所示的离开点。

步骤 3：单击【确定】按钮，完成非切削参数的设置。

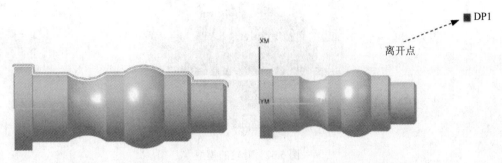

图 5.58　显示切削区域　　　　　　　　　图 5.59　选择离开点

★ 目标 5　生成刀路轨迹并 3D 仿真。

步骤 1：单击"外径精车"对话框中的"生成"按钮，生成的刀路轨迹如图 5.60 所示。

步骤 2：单击"外径精车"对话框中的"确认"按钮，系统弹出"刀轨可视化"对话框。

步骤 3：单击【3D 动态】选项卡，采用系统默认的参数设置值，调整动画速度后单击"播放"按钮，即可观察到 3D 动态仿真加工，加工后的结果如图 5.61 所示。

步骤 4：分别在"刀轨可视化"对话框和"外径精车"对话框中单击【确定】按钮，完成精车加工。

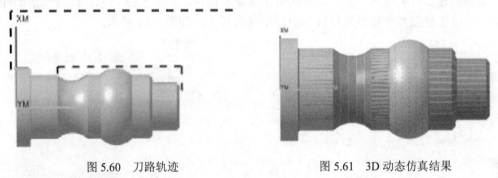

图 5.60　刀路轨迹　　　　　　　　　　图 5.61　3D 动态仿真结果

任务 8　保存文件

选择下拉菜单【文件】→【保持】命令，保存文件。

5.4　基于 NX 的五轴铣削加工叶轮 CAM 操作流程

叶轮乍一看很普通只有几片叶片，但它其实是非常复杂的结构零件，在能源动力、航空和航海等领域都有广泛的应用。由于叶轮流道空间狭小，且叶轮折叠角度大，传统的三轴加工无法加工，车铣复合加工机床与五轴联动，能够有效解决叶轮的加工。基于叶轮在工业领域的广泛应用，我们就以叶轮为例开启五轴加工的学习。

5.4.1　打开模型进入加工环境

我们首先使用 NX2212 版软件对叶轮进行加工，单击菜单条中的"文件"—"打开"命令，系统弹出"打开部件文件"对话框，选择目录中的"yelun"，单击"确定"按钮。文件叶轮模型如图 5.62 所示。

图 5.62 叶轮的模型

5.4.2 CNC 五轴叶轮毛坯创建过程

叶轮在使用过程中需要满足其强度要求，尤其是叶片在高强度使用环境下，性能易变形。因此在加工整体叶轮时，还需要考虑叶片变形问题。在选择材料时，基于需满足其高强度、良好的抗腐蚀性能，同时还需要具备一定韧性的考虑，因此选用 7075 铝合金。针对四轴、五轴零件编程，毛坯的创建也是非常重要的环节。做完四轴以及五轴的机床程序之后，需要在软件上进行模拟来观察刀路是否正确，是否存在过切碰刀的情况。

要想创建工件毛坯第一步，将截面切换到建模模块，如图 5.63 所示，此时显示部件导航器，可以在导航器中观察建模过程中使用过的指令，如图 5.64 所示。

图 5.63　建模界面

图 5.64　部件导航器检查使用过的指令

进入界面之后，使用"旋转"指令，如图 5.65、图 5.66 所示。其中对话框中的选择曲线选用外轮廓，指定矢量选用 Z 轴，指定点选用圆心。

阵列特征

镜像特征

拉伸　旋转　孔　合并　减去　边倒圆　倒斜角　拔模　抽壳

图 5.65　拉升界面

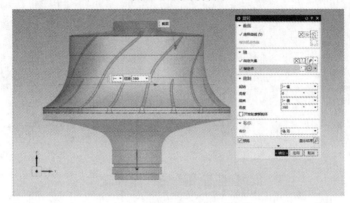

图 5.66　旋转界面

第二步，选用"替换面"功能选项卡，如图 5.67 所示，分别选用毛坯顶面和叶轮顶面，如图 5.68 所示。

偏置

移动　删除　替换　调整圆角大小

图 5.67　替换面功能选项卡

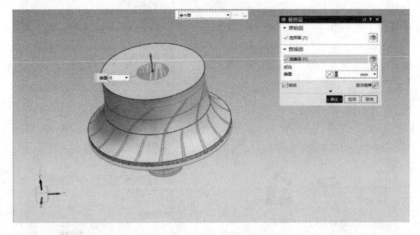

图 5.68　零件毛坯

此时已经完成了毛坯建模工作，可以检查导航器，检查是否有遗漏，如图 5.69 所示。

图 5.69   部件导航器检查是否有遗漏界面

5.4.3   加工前期准备

1. 坐标系建立

第一步，选择图 5.70 中的加工应用模块，进入加工环境，选择 mill-multi-blade 模块点击确定，如图 5.71 所示。

加工   增材制造   更多

图 5.70   加工模块界面   图 5.71   加工环境界面

第二步,点击工序导航器中的 MCS,点击后将坐标系选为绝对坐标系如图 5.72 所示,选择的坐标系如图 5.73 所示。

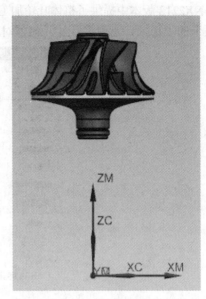

图 5.72　坐标原点图　　　　　图 5.73　坐标系选择

在整体叶轮的加工过程中,为了使操作者方便地寻找原点,则以绝对坐标原点当作加工点。

2. 工件设置

在进行车削单元的加工时,必须建立车削单元专属坐标系,点击 WORKPIECE 会出现工件对话框,如图 5.74 所示,将指定部件设置为叶轮,毛坯设置为刚开始建模时的毛坯,然后单击"确定"按钮。

图 5.74　工件页面对话框

5.4.4　叶轮整体加工

NX2212 版本中提供了整体叶轮加工模块，提高了操作效率。单击导航器中 WORKPIECE 选项卡的子选项，出现多叶片几何体对话框，如图 5.75 所示。

图 5.75　多叶片几何体参数设置

分别设置好轮毂、包裹、叶片、叶根圆角以及分流叶片。如图 5.76 所示轮毂为黄色部分，橙色部分包裹体选择车削毛坯，毛坯的外轮廓如图 5.77 所示。

图 5.76　轮毂

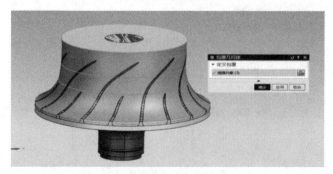

图 5.77　外轮廓

　　叶片分为大叶片和分流叶片，此叶轮大叶片一共有九张，选一张叶片即可，其余叶片软件会自动识别加工，如图 5.78 所示。选上一步所选的大叶片的齿根，如图 5.79 所示。

图 5.78　叶片

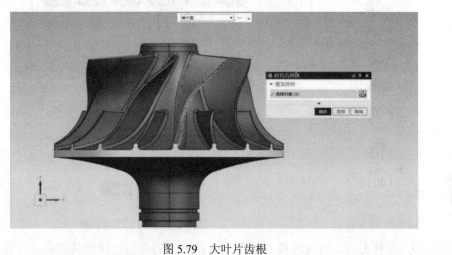

图 5.79　大叶片齿根

　　分流叶片同大叶片相似，选取大叶片旁边的一片分流叶片的叶片和齿根，如图 5.80 所示。

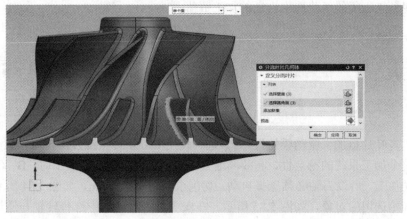

图 5.80　分流叶片

到这里便完成了前期的几何体设置。

5.4.5 轮毂粗加工

第一步，点击导航器功能选项区"创建工序"选项卡，如图 5.81 所示。选择 mill-multi-blade，工序子类型选择第一个轮毂粗加工程序，选择 NC-PROGRAM，道具选择 NONE，几何体选择 MULTI-BLADE-GEOM，继承上面选用的部位，如图 5.82 所示。

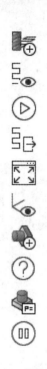

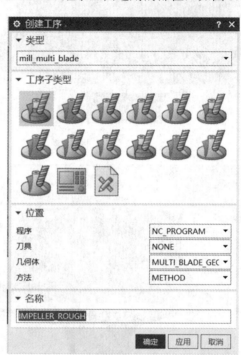

图 5.81　导航器　　　　　　图 5.82　创建工序对话框

第二步，选择刀具，刀具选项卡如图 5.83 所示。刀具的选择至关重要，刀具对于零件的加工效率以及加工精度都有很大的影响。如何选择合适的刀具数值呢？

按照现场工程师的经验选出合适的加工数值。

图 5.83　刀具选项卡

使用"多叶片粗加工驱动模块"，刀具选择使用 D8R4 转位铣刀。使用较大刀具开粗，能够提高整个加工系统的稳定性，高效率地去除余量。在车铣复合加工时，B、C 作为旋转轴必须联动加工，所以刀轴必须选择自动，切削余量留有 0.5 mm，如图 5.84 所示。几何体继续继承开始选用的对象，如图 5.85 所示。在安全设置对话框中选择转轴与避让选项卡，如图 5.86 所示，最后点击"生成"完成该工序，如图 5.87 所示。

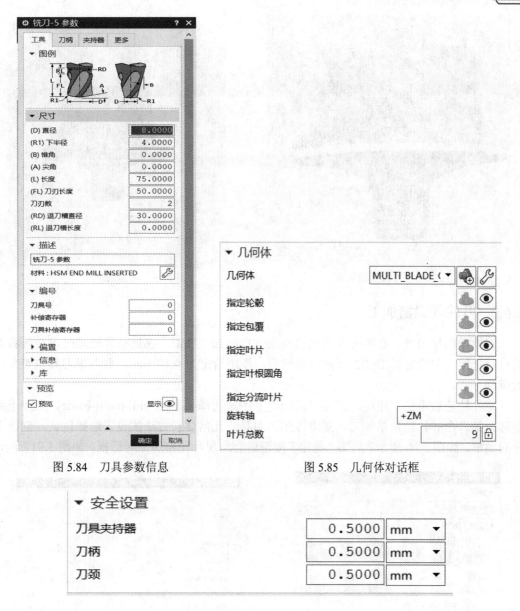

图 5.84　刀具参数信息　　　　　图 5.85　几何体对话框

图 5.86　安全设置对话框

操作

图 5.87　生成操作对话框

在这个对话框中，还可以看到刀具可视化的 3D 动态，以便我们直观地看见刀具运动的轨迹与动态模拟，如图 5.88 与 5.89 所示。

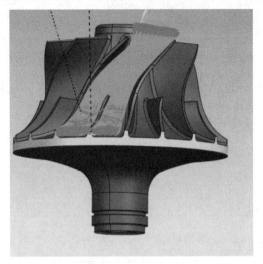

图 5.88　刀具运动轨迹　　　　　　　　图 5.89　动态模拟

5.4.6　叶轮轮毂精加工

在轮毂精加工时，必须考虑进气口与出气口的加工残留。在做前置处理时，必须将刀具进行延伸，刀具选择 D4R2 硬质合金铣刀，步距给定为 0.10 mm，要考虑刀具轨迹及参数驱动方式。

与叶轮轮毂粗加工相同，需要点击创建工序。选择类型为 mill-multi-blade，工序子类型选为第二个叶轮轮毂精加工，其中程序、刀具、几何体和方法的设置选择默认，创建工序对话框，如图 5.90 所示。点击"确定"按钮后会出现叶轮精加工对话框，如图 5.91 所示。

图 5.90　创建工序对话框　　　　　　　　图 5.91　叶轮精加工对话框

此时刀具选项卡选择的刀具为直径为 4，下半径为 2 的铣刀，步长设定为 1 mm，如图

5.92 所示。此时几何体继续继承 MULT-BLADE-GEOM，这时指定轮毂、指定包裹、指定叶片、指定叶根圆角和指定分流叶片等参数会自动生成，如图 5.93 所示。刀具轨迹与叶轮轮毂精加工如图 5.94 和图 5.95 所示。

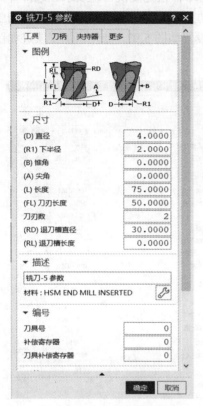

图 5.92　刀具参数信息

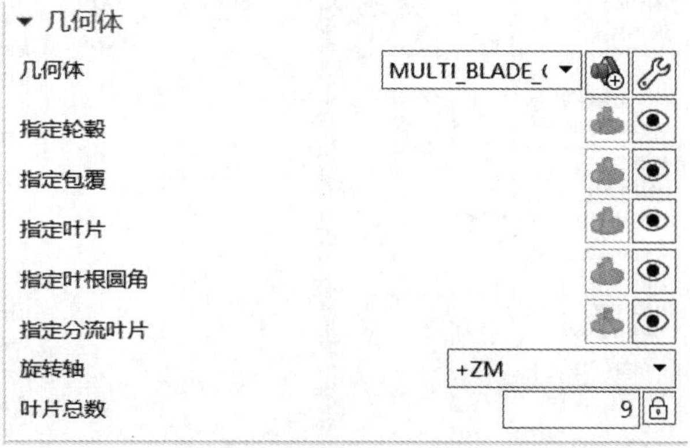

几何体

几何体	MULTI_BLADE_(▼
指定轮毂	
指定包覆	
指定叶片	
指定叶根圆角	
指定分流叶片	
旋转轴	+ZM ▼
叶片总数	9

图 5.93　设置几何体

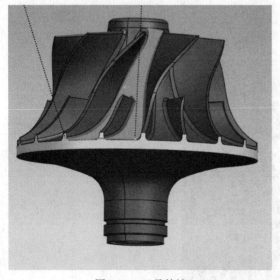

图 5.94　刀具轨迹

图 5.95　叶轮轮毂精加工

5.4.7 叶片精加工

叶片精加工为单刃轮廓加工，精加工时，必须考虑零件粗糙度及公差要求。选择叶片精加工驱动模式，刀具选用 D4R2 硬质合金铣刀，驱动方式对叶片所有面进行加工，切削深度为 1 mm。刀具参数信息如图 5.96，切削深度信息设置如图 5.97，叶轮粗加工轨迹如图 5.98 所示。

图 5.96　刀具参数信息　　　　　　　　图 5.97　切削深度信息设置

图 5.98　叶轮粗加工轨迹

5.4.8　分流叶片精加工

在对分流叶片精加工时，选择工序选项卡中叶片精加工选项卡，在做前置处理时，将要精加工的几何体选为分流叶片 1，其他参数设置如图 5.99 所示。刀具选择为精铣 D4R2 硬质合金铣刀，切削深度为 1 mm，刀具轨迹如图 5.100，加工三维模拟图如图 5.101。

▼ 主要	
刀具	MILL_3 (铣刀-5 ▼)
要精加工的几何体	分流叶片 1 ▼
要切削的面	左面、右面、前缘 ▼

图 5.99　刀具设定对话框

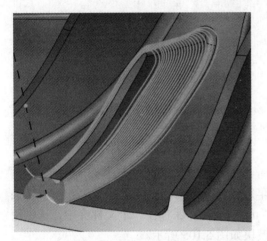

图 5.100　刀具轨迹图

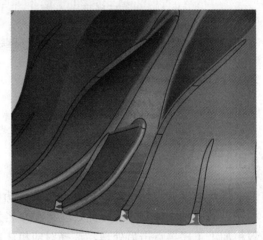

图 5.101　三维模拟图

5.5　程序后置处理

由于车削加工的后置处理与铣削加工类似，所以本书以叶轮的车铣加工为例。在完成叶轮前置处理后，形成刀轨前置刀位轨迹并不能用于车铣加工，必须结合车铣复合加工中心特点，通过后置处理计算，将前置处理中的刀路轨迹、刀具类型，转换为车铣复合加工中心能够识别的 NC 代码。在后置处理后，刀轨源文件与 NC 代码之间的坐标变换，均是通过模块的理论推导出的变换矩阵来实现，因此，后置处理系统文件至关重要。

5.5.1　后置处理器的调用

首先，选中之前做的所有工序如图 5.102 所示，点击工序栏中的后处理，如图 5.103 所示，点击后处理中心安装后处理器，如图 5.104 所示，这里就需要根据机床型号，找厂家安装对应的后处理模块。在选择好对应的模块之后，点击确定就可以出现对应的机床加工程序。M65 型车铣复合加工中心在后置处理器构建时，只需将参数在后置处理构造器中进行命名即可。目前，使用 NX Post builder 后处理构造器，可以定义 2 轴至 5 轴不同切削方式、不同机床的后置处理文件，以对应不同的模块。

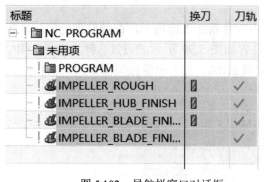

图 5.102　导航栏窗口对话框

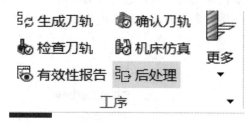

图 5.103　工序栏后处理

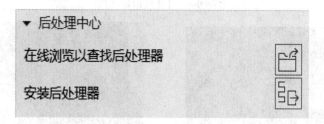

图 5.104　后处理中心安装后处理器

5.5.2　定义文件

打开后置处理构造器，依据前文所分析的车铣复合加工中心机床坐标系，选择带转头和轮盘的五轴铣床，并给后置处理文件命名为"mpf_M65"，保存在一个文件夹中，选中轮毂粗加工工序再点击后处理，选择对应机床的模块如图 5.105 所示。

图 5.105　后处理机床模块信息

完成后处理文件之后，用记事本打开可得到加工程序，如图 5.106 所示。数控机床设定换刀指令使用 M06，T 代码使用刀具名称，并对主轴开关、冷却液开关等分别给定指令。将这个后处理文件保存在"mpf_M65"文件夹中，文件夹命名为"D8R4C1"，如图 5.107

所示(D 代表刀具直径 8 mm，R 代表刀具半径 4 mm，C 代表粗加工，1 代表工序 1)。在完成一个工序的后处理时，工序前面的"！"会变成"√"如图所示。同理，其他的工序也是按照这个步骤操作。在完成后置处理文件后，打开前置处理文件，将前置文件分别放在文件中方便后续加工。

```
(零件名称         : 叶轮.PRT
N10 G17 G21 G94 G90

(IMPELLER_ROUGH , 刀具 : MILL_1)

N12 T00 M6
N14 G54
N16 G43.4 H0
N18 G17 G0 G90 X-159.122 Y188.275 S1000 M3
N20 Z276.31 B-110.903 C57.389
N22 X-28.676 Y54.308 Z212.801
N24 G94 G1 X-28.329 Y53.868 Z212.655 F250.
N26 X-28.045 Y53.365 Z212.615
N28 X-27.817 Y52.838 Z212.696
N30 X-27.641 Y52.319 Z212.884
N32 X-27.508 Y51.824 Z213.157
N34 X-27.409 Y51.361 Z213.492
N36 X-27.338 Y50.927 Z213.872
N38 X-27.288 Y50.522 Z214.284
N40 X-27.254 Y50.14 Z214.721
```

图 5.106　加工编程程序

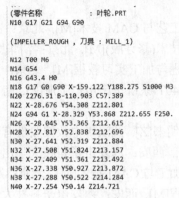

名称	修改日期	类型	大小
D4R2J2	2023/7/31 17:49	文本文档	909 KB
D4R2J3	2023/7/31 18:07	文本文档	906 KB
D4R2J4	2023/7/31 17:58	文本文档	675 KB
D8R4C1	2023/7/31 17:54	文本文档	49,051 KB

图 5.107　保存文件

5.6　小　　结

　　本章主要介绍 NX 软件常用数控车削加工模块的加工特点、创建过程和各项参数的设置。通过一个轴类零件的实例，详细介绍了各个加工模块，使读者有一个整体的认识，掌握 NX 数控车削的基本操作。本章还针对车铣复合加工中心的特点，对复杂零件叶轮的工艺路线规划、刀具和参数等进行研究，基于 NX 软件的加工前置处理，形成刀路文件。在研究前置处理时重点考虑刀具选择，切削深度的设定以及铣削的方式，这影响着零件的加工精度以及加工效率。

参 考 文 献

[1]   王振宇，张清林. 数控加工工艺与 CAM 技术[M]. 北京：高等教育出版社，2016.

[2]   严育才，张福润，等. 数控技术(修订版)[M]. 北京：清华大学出版社，2012.

[3]   张春雨，于雷，等. 数控编程与加工实习教程[M]. 北京：北京大学出版社，2011.

[4]   华兴数控 710T/720T/730T/740T 系统车床用户手册[Z]. 南京华兴数控技术有限公司，2012.

[5]   世纪星车床数控系统编程说明书[Z]. 武汉华中数控股份有限公司，2013.

[6]   吴睿，等. 数控加工技术[M]. 西安：西安电子科技大学出版社，2015.

[7]   于文强，严翼飞，等. 数控加工与 CAM 技术[M]. 北京：高等教育出版社，2015.

[8]   荣瑞芳. 数控加工工艺与编程[M]. 西安：西安电子科技大学出版社，2006.

[9]   丛娟. 数控加工工艺与编程[M]. 北京：机械工业出版社，2008.

[10]   徐海军，王海英. CAXA 制造工程师 2013 数控加工自动编程教程[M]. 北京：机械工业出版社，2014.

[11]   王宏伟. 数控加工技术[M]. 北京：机械工业出版社，2013.

[12]   张达等. 数控铣床编程与操作[M]. 北京：国防工业出版社，2014.

[13]   廖怀平. 数控机床编程与操作[M]. 北京：机械工业出版社，2008.

[14]   康亚鹏. CAXA 制造工程师 2008 数控加工自动编程[M]. 北京：机械工业出版社，2011.

[15]   汪木兰，等. 数控原理与系统[M]. 北京：机械工业出版社，2008.

[16]   朱建平，郁志纯. 数控编程与加工一体化教程[M]. 北京：清华大学出版社，2009.

[17]   北京兆迪科技有限公司. UG NX 数控加工教程(UG NX 1872 版)[M]. 北京：机械工业出版社，2021.